U0142777

超圖解

敏捷管理
不是快而是適者生存
The Agile Management Survival Guide

林裕丞 著

以更有效率的管理方法與思考模式，
應對瞬息萬變的環境

五南圖書出版公司 印行

作者序：隨著敏捷口號的落幕，敏捷實踐的旅程正在起步

「你今天過得如何？」這個問題，無論你的回答是怎樣的——是「我很好」、「平平無奇」，還是「我不想去想」——在這剎那，您的心中可能浮現了各式各樣的想法。任何答案都是好的，重要的是，您在那一刻反思了自己今天的狀態。

但回顧與反思到底能帶來什麼好處呢？

在我看來，它們提供了覺察，而覺察帶來了選擇的機會。如果您對目前的路徑感到滿意，那就繼續前進；如果心中有其他夢想或目標，那就是做出改變的時機。

我認為，敏捷的核心在於在日常工作中刻意安排時間進行回顧與反思。例如，在 Scrum 框架中，每個短衝結束前都會有自省會議，這幫助我們在工作中開闊更多選擇。

讓大家坐下來開會聽起來簡單，但要讓參與者分享他們真實的想法與考量則更具挑戰性。因此，許多敏捷先驅探索出了各種方法來協助團隊進入心流狀態，比如看板方法 (Kanban)、引導技巧 (Facilitation)、教練方法 (Coaching)、正念 (Mindfulness)、薩提爾模式 (Satir Model)、心理安全感 (Psychological Safety) 等，這些都是經過大量實踐後的參考指南。

本書的內容主要是過去十年我在部落格上發表的文章。自 2014 年接觸敏捷以來，我的觀點、想法和行動都在逐步調整。這些文章不僅記錄了我在敏捷之路上的成長，也見證了這一旅程。感

謝五南出版社的支持，將這些較為生硬的管理文章，融入圖示以幫助理解和傳播敏捷精神。希望這本書能陪伴所有希望在工作中創造美好關係的讀者。

Yves Lin 林裕丞

台灣敏捷協會創會理事長｜新加坡商鈦坦科技顧問｜氣機科技共同創辦人

黑手阿一的實戰報告 YVESLIN.com

目錄

Chapter 6

戰況討論─────────────**193**

敏捷經驗答客問

Chapter 7

選配裝備─────────────**227**

如何讓敏捷旅程更加豐盛

Chapter 1

戰情分析
為什麼我們需要敏捷

1-1 往烏托邦前進──理想主義 VS. 保守主義的檢測

敏捷是改革,不是革命,革命是要殺頭的

有一句話是這麼說的:「計畫趕不上變化,變化趕不上老闆一句話。敏捷的興起,就是為了因應環境和老闆的變化。」

在開始討論敏捷式管理的具體內容之前,我有個問題想先釐清:敏捷 (Agile) 到底是理想主義還是保守主義?

且讓我們藉《羅輯思維》的作者羅振宇談論《右派為什麼這麼橫》一書時提到的題目來自我檢測一下,看看自己究竟是理想主義(左派)還是保守主義(右派)吧!

Q1 您對人類知識的看法是:

1. 建構社會就如同蓋一棟房子,只要我們充分利用理性和知識,就能設計出完美的社會和系統。
2. 建構社會就如同大樹的生長過程,理性和知識是有局限性而且渺小的,我們只能慢慢摸索和發展。

Q2 您對「進步」的看法是:

1. 我們要靠大幅度的變動,脫離老舊且紊亂的秩序,這樣最有可能將我們帶往進步。
2. 我們要靠小幅度的移動,在既有基礎上慢慢改善,這樣最有可能將我們帶往進步。

Q3 您對自己遭遇到挫折與失敗的看法是：

1. 我們需要更多外在的支援，因為環境的影響比自己的能力重要。

2. 我們需要改善自己的能力，因為自身的影響遠比外在因素重要。

　　如果以上三題，您的答案都是1，那麼您的想法便是偏向理想主義，也就是左派；相反地，若您的答案都是2，則是偏向保守主義，也就是右派。

　　回到主題，「敏捷」的思想到底是理想主義還是保守主義呢？我個人的第一印象是理想主義。因為這樣一個各取所需、各獻所長、不分先後、協力完成工作的大同世界，也太理想化了吧！

　　但是看完《羅輯思維》談《豐滿理想下的殘酷殺戮》這本書，我才了解：理想主義跟保守主義的主要差異並不在於最後所想要的狀態有所差別，而是在於過程做法的不同而已。

　　理想主義的理念是：只要打破現狀就能達到理想，只要訂下規則或法律就可以對社會造成改變，相信人設計出的制度。至於保守主義，則是不做大規模改變，以現實為依歸，慢慢向理想狀態改變，比起人設計出來的制度，更相信經驗法則。

　　這是我原本的想法。那如果用敏捷的角度來看待又會是怎麼樣呢？

　　Q1中對「人類知識」看法的兩個敘述，其實就是「建構論」與「擴展論」：

建構論

建構社會就如同蓋一棟房子，只要我們充分利用理性和知識，就能設計出完美的社會和系統。

擴展論

建構社會就如同大樹的生長過程，理性和知識是有局限性而且渺小的，我們只能慢慢摸索和發展。

　　敏捷是擴展論，因為承認我們沒辦法知道行動會造成什麼影響，所以才需要用快速迭代的方式來面對，以求知道反饋後再快速決定下一步。建構論的想法，則是追求充分想好再行動，這跟敏捷的信念是截然不同的。

　　Q2 中對「進步」看法的兩個敘述，其實是「革命論」與「改革論」：

革命論

我們要靠大幅度的變動，脫離老舊且紊亂的秩序，這樣最有可能將我們帶往進步。

改革論

我們要靠小幅度的變動，在既有基礎上慢慢改善，這樣最有可能將我們帶往進步。

　　敏捷是改革論，靠快速迭代後的反饋，以求每次進步一點，是小幅度改變，而不是如革命論那般，一次做大幅度的改變。

Q3 中對「遭遇到挫折與失敗」的兩個看法，分別是「弱者思維」與「強者思維」：

弱者思維

我們需要更多外在的支援，因為環境的影響比自己的能力重要。怪外界，要外界改變，怕失去現有東西。

強者思維

我們需要改善自己的能力，因為自身的影響遠比外在因素重要。怪自己，要自己改變，怕被現有東西限制。

　　敏捷靠著對著經驗的回顧與省思並要求自身的改善，如〈敏捷宣言〉說的：「團隊定期自省如何更有效率，並據之適當地調整與修正自己的行為。」這當中強調的是「自己」的行為，而不是「其他人」的行為──這是道道地地的強者思維。

　　此外，更重要的是：經驗性導向 (Empirical) 是敏捷的核心概念。所以，在細細分析後，意外地發現，「敏捷」其實是保守主義。

　　是的，導入敏捷靠的不是大規模的改變，反而是需要以現實為依歸，慢慢向理想狀態改變；比起仰賴理性設計出來的制度，我們更相信經驗所帶給我們的啟發。

　　因此，我們可以在以保守主義為基礎的運作下，一起打造我們心中的理想團隊。

敏捷宣言

〈敏捷軟體開發宣言〉（簡稱〈敏捷宣言〉）於 2001 年由 17 位輕量化軟體開發推廣者在美國猶他州聚會時所提出，內容如下：

藉著親自並協助他人進行軟體開發，我們正致力於發掘更優良的軟體開發方法。
透過這樣的努力，我們已建立以下價值觀：

個人與互動　重於　流程與工具
可用的軟體　重於　詳盡的文件
與客戶合作　重於　合約協商
回應變化　　重於　遵循計劃

也就是說，雖然右側項目有其價值，但我們更重視左側項目。

（資料來源：https://agilemanifesto.org/iso/zhcht/manifesto.html）

要面對現實還是把頭埋在土裡，都是自己的選擇

「吃下藍色的藥丸，故事就此完結，您會在家裡的床上醒來，繼續相信您所想要相信的。吃下紅色的藥丸，您就可以待在愛麗絲夢遊仙境裡頭，我會帶您看看兔子洞有多深。」電影《駭客任務》(The Matrix) 中的神祕人物莫菲斯 (Morpheus) 提供尼歐 (Neo) 這兩個選項，讓他自己選擇接下來的人生走向。

當尼歐伸手去拿紅色藥丸時，莫菲斯又說：「請記得，我能給您的只有真實，沒有其他的了。」

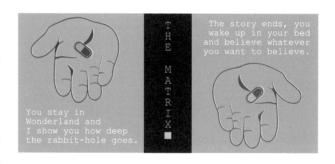

就跟吃下去便能夠看到真實的紅藥丸一樣，敏捷會讓我們看到真實的工作情況，不管這個真實我們喜不喜歡。

很多人問我：「您的公司營運已經很好了呀，為什麼要導入敏捷式管理呢？」

我的回答是：「我們選擇導入敏捷式管理，是因為傳統做法已經不符合現在的市場環境，我們是為了存活而不得不做。更進一步來說，導入敏捷式管理其實是改變『態度』，是培養一種面對現實、接受限制、處理現狀、放下過去的態度，並不是全面性的改革。」

而現在的市場環境有什麼重大改變嗎？

當然有，且正是因為變化太大，所以我們必須認清幾個現實：

1. 面對事情做不完的現實

——事情是做不完的，但身體是有極限的。

在傳統的公司中，很多的事情都是死命令，即所有的事情項目都很重要，而且皆要限期完成，所以員工常常爆肝、爆肝再爆肝。

但如果爆肝就可以把事情解決，那也就算了，很可惜事實往往相反，爆肝的結果通常是——產品品質低落，且錯誤一堆，甚至之後還要花更多時間心力善後。

所以敏捷式管理正是要改變這樣的模式，其概念是：把事情排出優先順序，從最有價值的部分開始進行，並捨棄低價值的工作。

如此，事情才能更有效率地進行。

2. 面對資訊不足的現實

——第一線人員直接面對問題，但事情的決定權在高層手上。

傳統的管理思維，是「只請手不請腦」、「官大學問大」，整體來說就是「上司說什麼，下屬照做就好」，也因此最後的抉擇總是少了第一線資訊的參與。然而這樣的後果往往是打高空——空有好的意圖，卻不切實際，所以結果大致都是「上有政策，下有對策」地敷衍了事。

而在敏捷式管理的概念中，相信第一線的夥伴才有第一手的資訊，所以應該由最了解情況的前線夥伴來做決定。

如此一來，公司就會有比較大的機會做出最貼近市場需求、讓消費者願意買單的產品和服務。

3. 面對競爭激烈的現實

——環境變化太快，但決策者反應太慢。

在舊有的觀念中，產品開發的流程比較像這樣：一年準備，兩年反攻，三年掃蕩，五年成功。

這樣的方式，在對手也是同樣思維時或許可行；但現在的市場變動大，有時我們連對手在哪裡都不知道。若只一味做長期的詳細計畫，不僅失去捷足先登的機會，產品結果還可能大多是做來自我滿足的居多。

因此，敏捷式管理用「快速迭代」的方式，在最短時間內，產出最小可行的產品 (Minimum Viable Product, MVP) 並放到市場上，得到消費者的反應後，立刻進行下一步的改善。

只說道理而沒有舉例會很沒說服力，但講小的例子又沒什麼意思，就來說個大的案例吧。

在2001年，美國發生911恐怖攻擊事件後，FBI 開啟了「哨兵專案」(Sentinel)──把所有的內部流程 E 化、資訊化。

一開始，FBI 的預算是 1.7 億美金（約 50 億台幣），並由全球軍工百強之一──美國科學應用國際公司 (SAIC, Science Applications International Corporation) 得標。但讓我們把時間快轉到 2006 年，會發現：五年過了，SAIC 公司不但做不出系統，預算還一度追加到了6 億美金（180 億台幣）。

這時，FBI 的想法很簡單──這個包商不行，就換另一個，於是系統換成美國航空航太製造廠商洛克希德來做。我們再把時間快轉四年，來到 2010 年，系統仍然沒有完成，此時政府又再追加了 4 億美金（120億台幣）。

這下問題來了：兩個包商都完成不了的案子，還有誰敢接這個爛攤子？

於是 FBI 只好找雷曼兄弟控股公司的技術長── Chad Fulgham 來當 CIO (Chief Information Officer)。Fulgham 把系統研發權從洛克希德手上拿回來，交由 FBI 內部自行開發，並且使用敏捷的方法：以 Scrum 方式、兩個禮拜為一個短衝 (Sprint) 來行動。

終於，哨兵系統在 2012 年驗收並上線。

使用敏捷方法，讓 FBI 可以用兩年時間與 120 億台幣，就完成別人花九年與 300 億台幣都解決不了的資訊專案。

若用開發時間來比較，可以發現：敏捷方法節省了 80% 的時間，也省了 60% 的預算。

這個故事告訴我們：

(1) 政府追加預算很正常，到哪裡都一樣。

(2) 軟體資訊系統外包通常沒什麼好下場。

（畢竟資訊是企業最重要的命脈，若連軟體開發都要外包，那更不用談企業的核心價值了。）

(3) 敏捷方法有效。

光看著別人的成功，是一毛錢都分不到的，自己創造的成功才有價值

有很多人會一直跟我要敏捷方法的案例，但案例都是別人的成功啊！光看別人成功的例子，您是不會分到一毛錢的。

所以，不面對現實，活在自己的想像中，也許會過得比較輕鬆愉快；然而選擇面對現實，持續成長和改變，也許充滿壓力和挫折，但可以提高存活的機率。

能存活下來，才能自由地選擇自己想要的生活方式。

1-3 走向全員參與的組織演變

有實質幫助到蜜蜂，才能問心無愧地分蜂蜜

選擇讓組織走向「敏捷」是什麼意思呢？

許多人會說，那就是讓組織變「快」，這樣的概念也許在某些情境下是對的，但在您自身的情境中，「快」，是最需要的嗎？

讓我們先從一則笑話來重新思考「管理」這回事——

很久很久以前，有個養蜂人養了一群蜜蜂，每幾天就採些蜂蜜來賣，日子過得還算輕鬆愜意。

有一天，有個管理顧問經過，他看著飛來飛去的蜜蜂，問了養蜂人一句：

「您怎麼知道蜜蜂都有在努力工作，沒有偷懶呢？」

養蜂人愣了下後回答：「我沒有想過這個問題。」

養蜂人有點心虛地問：「要怎麼知道蜜蜂有努力工作呢？」

「這還不簡單？」管理顧問自信滿滿地說道：「您就請一個人來看蜜蜂，由他來管理蜜蜂，蜜蜂就不敢偷懶了。我們在企業都是這麼做的，非常有效。而且有個專門的職稱叫『Team Leader』，也就是『組長』。」

「說得有道理……」養蜂人低頭沉思了一會：「那如果看蜜蜂的人偷懶，我要怎麼辦？」

「沒想到您還蠻有管理概念的嘛！」管理顧問用充滿激賞的眼神看著養蜂人：「您就再請一個人，看著『看蜜蜂的人』有沒有專心看蜜蜂

啊。這工作也有個專有名詞，叫『Manager』，也就是『經理』。」

「這樣就夠了嗎？」養蜂人露出恍然大悟的表情。

「當然不夠啊！您還要有人看著『看著看蜜蜂的人』，很重要的！他叫做『總監』。還要有看著『看著看著看蜜蜂工作的人』，他叫『副總』。這還不夠，還要加上看著『看著看著看著看蜜蜂工作的人』，這個人非常重要，叫做『總經理』。別忘了，還有看著『看著看著看著看著看蜜蜂工作的人』，他……」

「等等！」養蜂人打斷說得口沫橫飛的企管顧問。

「就算我請完全部的人，要怎麼確認最後一個會認真工作，不會偷懶呢？」

「您果然是個人才，一問就問到重點，您一定會成為蜂蜜界的紅人！」管理顧問滿意地說。

「找我來就對了，我會跟您說他們有沒有在偷懶。」

這樣的故事還真不少，在台灣也有另一個版本，叫做〈螞蟻的故事〉，有興趣的朋友可以自己查找看看。

在這個故事中，我們可以看見「管理」被妖魔化了。但當管理者越多，卻越失能的時候，我們的確該想想這樣是不是哪裡出了問題？要怎麼樣才能真正有用呢？而我的答案是——讓組織擁有更多管理者。

我們需要的是更多管理者

1911 年，科學管理之父泰勒 (F.W. Taylor) 出版《科學管理原則》一書，書中把人分為管理者與工作者，在那個工業世代的背景下，他認為管理者有工作者缺少的知識與能力，所以該由管理者一個指令，工作者一個動作，來完成事情。

甚至連當時被視為進步人士的亨利・福特 (Henry Ford) 也曾說過：「為什麼我只是請雙手來工作，他們卻把腦子也帶來了？」雖然這一番

發言在現今看來會令人大翻白眼，但其原因都可以追溯到當時的歷史背景。

1900 年的美國，5-19 歲的人口中，只有一半的人有受過基礎教育，大部分人都沒有受過現代化的教育、沒有物理或化學的知識，文盲的比例很高；緣此，工廠的生產只能由受過高等教育的管理者研究要怎麼做，所以工廠的運作方式即是「由有頭腦的人跟出手的人說要做什麼，出手的人照做就對了，不需要想」。

但現在的情況已經跟一百年前不一樣了，大部分的人都受過教育，然而奇怪的是——傳統的管理模式並沒有太多改變。

那我為什麼說要多點管理者呢？

請容我說得準確一點——我們需要越來越少「管理人」的管理者，但需要越來越多能「自我管理」的管理者，甚至「管理」將會成為每個工作者的必修功課。

現代管理學之父彼得‧杜拉克 (Peter Drucker) 對管理者的定義是：

一個管理者要對知識的應用和成效負責。

A manager is responsible for the application and performance of knowledge.

知識工作者都是管理者

換言之，所謂的「管理者」指的並不是「握有預算與人事權的職務」，而是「知曉如何運用知識，改善流程與應用工具的人」。

我在新加坡商鈦坦科技服務的時候，想像不到公司內有任何工作是不需要吸收知識、不用應用知識，也不需要對成果負責的職務。（如果貴公司有不需要知識的工作，卻還能在台灣生存的話，也很厲害。）所以，公司裡的所有成員都需要學習知識、應用知識，也都需要具備管理

者的能力。

在過去的經驗，儘管很多鈦坦科技的夥伴都已經取得 PMP 證照，並嘗試以此改善傳統專案管理的方式，但專案還是永遠趕不上進度，不僅客戶不滿意我們的產出速度，更別提產品上線後衍生的一堆問題，甚至很多夥伴為了趕出產品而累壞，造成主管因為怕收到離職信所以整天都在救火。

另外，也有夥伴嘗試過應用標準化企業管理的制度，導入教育訓練、KPI、績效考核、定期開會等，這對執行制式化操作為主的部門確實有幫助，如 IT 和管理部門都可以明顯感受到效率的提升，但這一套對於面對市場做產品開發的部門而言，仍是看不到改善的效果。

所以，鈦坦科技導入敏捷的原因最初是「死馬當活馬醫」，在 2014 年我們開始找顧問、讓團隊嘗試跑敏捷、招募志願的夥伴，然後放手讓敏捷顧問全權掌控，讓這個新成立的團隊不受公司守則跟程序的限制去探索，也才有後續鈦坦科技敏捷化的成果。

這幾年來，我最常被問到「為什麼要導入敏捷？」我的答案很簡單：「我們開始導入敏捷，是因為用原本的方法看不到未來。」

每一種管理模式都有其適用的情境，在這個越來越複雜的時代，指望一位厲害的管理者出現就能夠讓公司一切順利，就跟期待一位明君出現天下就會太平的心態是一樣無望的，只有每個人都了解並實踐管理，走向「人人管理」的敏捷，才是讓未來不一樣的關鍵。

把人放在對的位置上，並確保每一個人能夠在他們的角色扮演上，貢獻自己的專長，促進整體的最佳表現。

這就是敏捷思維 (Agile Concept) 的風格。

過往，敏捷的開發模式常見於軟體開發專案中的應用。當然，不會只有軟體開發才適用敏捷思維，而是任何事情都可以。

Be adaptive, be responsive.

敏捷思維，在變中求進，在快中求效。

變，是應變，一如戰場中的情勢瞬息萬變，指揮官不可能要求自己什麼都要知道、什麼都要控制，不可能什麼都要等指揮官下達指令。

因此敏捷型態 Agile 的專案管理模式，打破傳統鏈結式的指揮體系，充分地採用授權架構，信任每一組員的專業能力，讓大家在最短的時間，透過群組討論以快速反應找到最適合的問題解決方法，其中也包含了融入目標管理 OKR (Objectives and Key Results) 的精神，讓每一個人當責地將問題解決，並確保不會有後座力發生。

導入敏捷的目的是總指揮官的工作轉變成為整合者、溝通協調者、團隊的教練，方向很清楚就是使命必達，並且想辦法整合資源、引入資源，將問題解決。

Chapter 2

預期戰果
敏捷能帶來什麼

如果「快」是實行敏捷的重點，甚至是唯一的原因，那麼在〈敏捷宣言〉中，為什麼都沒提到「快」這個字呢？

從〈敏捷宣言〉中可以發現：跟「快」比較有關係的，只有最後一句「回應變化」的部分。而回應變化代表的是彈性，是高適應力。可見得「快」也許是一種適應環境、回應變化的方式，但絕對不是唯一的方式。

舉例來說，在缺氧的環境中，動作快的動物往往較快死亡；相反地，反應慢的動物因新陳代謝慢，耗氧量低，反而比較容易存活。

所以，回應變化代表的是：該快的時候要快得像獵豹，該慢的時候則要慢得像蝸牛；該硬的時候就要挺身而出，該軟的時候則要柔心弱骨。

我接觸敏捷前，對敏捷的第一印象也是快，一開始認為敏捷是提升產出的速度，而且最好能比以前快上三、四倍。接著我在實務上的體會是：「敏捷是為了增加彈性，不是求快。」(For flexibility not speed.) 最後，我才了解到：敏捷最大的好

處是在高度不確定的環境中提升適應性 (Adaptation)。

換言之，敏捷的最大作用，就是提升「團隊的適應性」。一個敏捷團隊，會透過「快速迭代」(Iteration) 的方式，於短時間內產出成品並持續追求進步，且在一步步的修正中，達到提升適應性的效果，最後的目標則是建立起一個「學習型組織」(Learning Organization)。

而這要怎麼做到呢？

接下來這個章節將會分成「自組織」、「透明化」、「顧客導向」、「持續學習」、「逐步精進」五個面向來說明。

2-1 自組織

想做什麼就做什麼叫做獨立，不叫自組織

　　自組織團隊是一個很抽象的概念，主要的特徵是描述一個團隊中沒有一個專職發號施令的主管，而是由團隊成員之間互相協調運作。比如電影《魔戒》(The Lord of the Rings) 中對抗邪魔索倫 (Sauron) 的團隊，他們沒有一個明確的領導者，但擁有共同的目標，自願選擇加入這個團隊，靠著彼此的默契，視情況一起運作或是分組分頭進行，我認為這便是一個自組織團隊很好的展現。

　　正如〈敏捷宣言〉的原則中提到的：「最佳的架構、需求與設計皆來自於能自我組織的團隊。」「自我組織」(Self-Organizing)，或簡稱「自組織」，在 2020 版本的《Scrum 指南》(Scrum Guide) 則稱為「自主管理」(Self-Managing)，這在敏捷中是個常被提到的關鍵字。

　　我個人比較喜歡自組織的說法，然而在《Scrum 指南》上並沒有針對自組織做出明確的定義，因此我只好再度參考維基百科對自組織的解釋：

　　「自我組織，也稱自組織，是一系統內部組織化的過程，通常是一

開放系統，在沒有外部來源引導或管理之下會自行增加其複雜性。自組織是從最初的無序系統中各部分之間的局部相互作用，產生某種全局有序或協調形式的一種過程。這種過程是自發產生的，它不由任何中介、系統內部或外部的子系統所主導或控制。」

參考以上敘述後，應用於敏捷式管理，我對自組織有自己的解讀：自組織是為了達到群體的目標（以服務或產品的形式提供顧客價值），由每個團隊內部或個人發動，所產生的協調和行動。

自組織不是有無，而是多寡的問題

現實中的每個團隊或多或少都有自發產生的行動，因此自組織並不是一個截然二分的概念，比如這個團隊有自組織或是沒有自組織；相反地，它是「量」的概念，例如權限大的團隊自然比權限小的團隊更能自組織。

Q1 自組織的量要怎麼衡量呢？

《領導團隊》(*Leading Teams*) 一書中提到「權限矩陣」這個概念，是指把權限和團隊的自我管理能力分成四種等級，分別是「主管主導」、「自主管理」、「自主設計」、「自主治理」。

「主管主導」就是傳統命令與控制型的管理方式，由主管來決定大小事。

「自主管理」則是團隊可以自行決定如何完成交辦任務。如果一個團隊可以自行決定成員，但不能決定自己的工作事項，這就達到了部分的「自主設計」。

「自主治理」則是團隊的目標可以自行決定，就像個獨立的公司一樣。

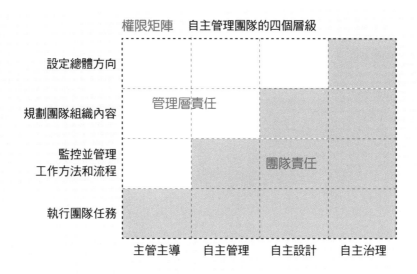

權限矩陣　自主管理團隊的四個層級

	主管主導	自主管理	自主設計	自主治理
設定總體方向				
規劃團隊組織內容	管理層責任			
監控並管理 工作方法和流程		團隊責任		
執行團隊任務				

Q2 Scrum 到底要求什麼程度的自組織？

就 Scrum 定義來看，我認為開發團隊是要求在至少「自主管理」的程度。

因為團隊不但需要自行決定如何工作，還定期舉辦自省會議 (Retrospective) 以改善目前的做法，這裡頭包含了「執行」和「監督與管理」的權限。但就整體的團隊工作而言還是由產品負責人 (Product Owner) 排序，所以並不包含「自主設計」。

然而如果把產品負責人算入團隊中，那整個團隊就會提升到「自主設計」的程度，因為團隊擁有決定工作優先順序的權限。不過，這並不算完全的「自主治理」，除非團隊可以自行決定人員的組成或取得團隊外的資源。

Q3 自組織就是團隊隨心所欲？

子曰：「從心所欲，不踰矩。」對我來說，「矩」就是「取得的授權」。所以自組織當然不是想做什麼就做什麼，而是團隊要校準 (Align) 共同目標。這其中主管的授權其實具有很大的影響力。

很常見的爭議是：執行團隊覺得管理層級管太多──「既然 Scrum 是自組織，強調自我管理，那幹嘛還管我們？」

當然，如果團隊要求的是「自主管理」這個階段的權限，按照 Scrum 的定義，如果連決定如何執行（如：要拿多少工作項目）及如何改善工作模式（如：SOP 標準流程設計）的權限都不給團隊，就不要說自己在跑 Scrum 啦！

而如果團隊要求的是「自主管理」外的權限，比如想要自行加程序員、鼓勵師，或是要自行選擇團隊成員，主管的「管」是應該的。這部分，Scrum 就沒辦法幫忙背書了，因為這時需要靠的是團隊之前的表現與主管的信任度，藉此來商量增加權限的可能性。

反過來說，權限帶來的不僅僅是權力，也包含相應的責任。如果團隊擁有「監督與管理」的權限，卻沒有扛起相對應的責任（比如開了十次自省會議，但是待改善事項都沒變），那權限被收回去也是可預見的結果吧。

所以，自組織不是誰說了算，而是校準公司的共同目標（帶給顧客價值），靠主管和團隊雙方互相溝通、清楚了解：團隊有哪些權限，以及團隊所擔負責任的程度和限制是什麼。

更重要的是，自組織不但讓團隊獲得權力，也需負起責任，只拿好

處卻不負責任是稱不上自組織的！

在傳統的專案開發中，都有一個角色負責分配工作，這常常是由PM（Project Manager，專案經理）或是Team Leader（組長）來擔任。然而，分配工作可說是吃力不討好的一件事，因為既要了解每件工作的急迫性和複雜度，還要考量每個人的能力，平衡每個人的工作量。

因此，這個角色常常會成為團隊的瓶頸——每件事情都要經過他分析、排程、驗收、開會，這就常造成團隊成員空等他來分派工作的情況，更別提如果工作項目比既定時程提早或延遲時所需要的協調工作，這角色要處理的事情太多、太雜了！

那麼敏捷開發或Scrum如何解決這個角色的問題呢？

Scrum沒有人負責工作分派！

在我深入了解Scrum前，我本以為是由Scrum Master來扮演這個角色。

後來跑了敏捷才知道，原來Scrum有一個大原則：工作由每個人自己認領。

在短衝規劃會議 (Sprint Planning) 中，開發團隊選擇多少個工作項目，是沒有人可以要求他們的；此外，團隊的每個人也是自行選擇自己的工作任務。

這乍聽之下彷彿是天方夜譚！

畢竟我當時的想法是人都是被動的，沒事做當然最好，怎麼可能主動去找事情做呢？神奇的是，在我們實踐過程中，我們發現團隊確實會主動自己找事情，也找出做事方法。

有些團隊互相協調，最早做完手上任務的人，就可以自己挑下一個任務執行，所以大家都想盡快做完目前手上的項目，以搶先挑自己喜歡的下件事情來做。而有些時候團隊則勇於挑戰自我，大家都挑自己最沒把握的，以學習自己不熟的東西；有些時候團隊則完全相反，每個人都

選自己最有把握的項目，因為想盡快讓產品加值上線。再來，有些團隊選擇承諾少一點工作項目，因為想花多點時間在技術上。

不論方法為何，這邊要講的重點是：團隊如何執行工作，是由各個團隊依照現況來決定最適合的處理方式，且處理方式會隨著時間和環境有所改變。

此時，就有一個疑問經常出現了——「沒人想做的工作怎麼辦？」

有一個過度解釋的迷思是：團隊要做什麼完全由自己決定。

但事實並非如此——因為所有的工作事項，仍然必須先經過產品負責人排序。故團隊認領工作的原則，是按優先級從高到低來認領，並非全然隨心所欲。

從實例中我觀察到：一開始，團隊不太會提到「想不想做」這件事，因為「能自由選擇要做幾個項目」這件事，與傳統的方法相比，已經是非常大的衝擊，也已經具有超大的自由度。因此團隊通常會把注意力放在「需不需要做」，而非「想不想做」。

其中，有一個好現象是：團隊開始質疑工作的價值和優先順序。

因為這代表團隊對於產品有想法和認同——此為產品負責人闡述價值和彼此溝通的好機會。如果產品負責人能提出論述也虛心接受建議，便能經由討論讓產品的品質上升。

在我印象中，一開始跑 Scrum 時會遇到的問題大多是自身選擇的工作項目做不完。而且工作項目分量的多寡非常主觀，會因為每一個人的能力不同而有變化，所以並沒有比較的基礎和意義。然而比起工作量的多寡，我更想問的是：「如果有人擺爛不做事怎麼辦？」

很幸運的，我們沒有遇到過。

我也相信知識工作者不需要人盯著才願意工作。但如果真的有這種現象發生，我相信由 Scrum 讓事情曝露出來，會比這個問題一直在傳統的方式中被隱藏起來更好。

「那產品負責人不就很倒楣，只能接受事情做不完？」

是，也不是。

因為產品負責人要相信團隊已經盡了目前的能力去做。如果有疑慮的話，套句知名敏捷教練陳仕傑（Joey，江湖人稱 91）的名言：「如果產品負責人覺得自己可以做得比團隊快，應該自己去做開發，這才是價值最大化。」

與其計較每個人做了多少工作、花多少時間，不如考慮團隊是不是在做目前最有價值的事情。

至於「之前為什麼可以做那麼多，現在卻那麼少？」這種問題，用偷工減料、複製貼上、不寫測試等方式，都可以讓工作看似很快完成，但其實以後問題會一一浮現。

重要的是：產品負責人也是團隊的一分子，因此也可以把自己的期待和困難點跟團隊說明。若有任何不滿，當然可以說出來——畢竟敏捷說的「透明化」，不單只是工作事項的透明度，更包含想法和心情的透明度。

91 敏捷開發之路

想跑 Scrum 並不會變好,而是看到有多糟,看到是變好的第一步

在周星馳電影《大話西遊》中,至尊寶照了鏡子發現自己原來是孫悟空,這面鏡子讓真實的自己呈現出來,我常常覺得這也是敏捷的效果之一:透明化 (Transparency),讓真實的團隊情況呈現出來。

承上個小節末所提到的,這邊我們來談談什麼是「透明化」。

先說明:透明化的目的是為了讓團隊工作更順利。

過去十多年中,敏捷開發的各種方法論,例如:Scrum、看板方法 (Kanban)、極限編程 (Extreme Programming) 等,在軟體和新創圈引起了一股旋風,也改變軟體開發與製造產品的傳統觀念。大家耳熟能詳的公司如 Google、Facebook、Netflix 等,都已在他們的日常營運中大量運用敏捷的方法。在國外的資訊產業,大家所談論的也已經是「如何更好地使用敏捷」,而不是「要不要使用敏捷」。

敏捷有很多種方法,但由於此書畢竟是我想分享自己公司團隊的經驗,故此處著重在 Scrum 的介紹。

Scrum 團隊是由一個 Product Owner(PO,產品負責人)、一個 Scrum Master(SM,敏捷教練)加上 Development Team(DT,開發團隊)組成。而這個開發團隊擁有自組織 (Self-organizing) 及跨功能 (Cross-functional) 的特色。

其中，自組織的團隊可以自行選擇最合適的方法完成工作，團隊外的人可從旁提供建議或經驗分享，但最終如何工作的決定權在團隊身上；而跨功能的團隊則擁有獨立完成工作的能力，盡量減低需要團隊外的人來協助的情況。

Scrum 是近年軟體開發方法最熱門的關鍵字，火紅的程度就像是可以起死回生的仙丹妙藥，彷彿所有的開發團隊只要服用後，全都能使顧客滿意得眉開眼笑。

然而，即使有這麼好的評價，但台灣真正導入的團隊其實沒幾個，且聲稱導入 Scrum 的團隊幾乎都是採取「在地文化台灣式 Scrum」，也就是俗稱的「Scrum-but」（我們跑 Scrum，但是……）。

那到底應不應該導入 Scrum 呢？要多大程度地導入 Scrum 呢？

關於 Scrum 模式和方法，在《理論與實踐輕量級指南》(*Scrum Primer*) 中已經解釋得十分清楚，英文能力好的讀者可以看英文版，最直接的閱讀最能體會箇中精髓，畢竟經過翻譯之後，有些概念還是會失真。

所以今天我想單純談談，導入 Scrum 一年時，讓我最深刻的經驗和感想。

Scrum 跟其他 Agile 方法的最大差異，其實是把人 (Team, Product Owner, Scrum Master)、事 (Sprint Planning, Sprint Review, Sprint Retrospective)、物 (Product Backlog, Sprint Backlog) 做明確的定義處理。

其他的敏捷方法，如極限編程著墨在技術方法，而看板方法則是著重在流程上的處理。所以相對而言，Scrum 不僅能馬上按圖索驥，還能讓人、事、物有模有樣地各安其位，理所當然成為公司的首選。

然而實行 Scrum 到底有什麼難度呢？

Scrum 的難點在：它並不是設計來產出產品，而是把全部的開發流程透明化，讓優點和缺點明顯曝露出來的擴大器。

怎麼說呢？比如團隊可以自己決定要拿多少工作，通常產品負責人就會抱怨產出比之前降低很多——因為之前的高產出是用 PM 的鞭子和愛心，加上主管的壓力關懷，以及工程師的偷工減料等創意堆疊出來的！有句話說「出來混，總是要還的」，這樣的情況日積月累下，就會發現公司離職率頗高，且團隊總是有修不完的 bug，而那完成了 99% 的系統，永遠差那無法達成的 1%。

那，曝露出來的弱點怎麼辦？——有弱點就改善呀！

假設每次短衝 (Sprint) 有 1% 的改善，在經過 50 次的短衝之後，整體的完成度就會增加 64%！換句話說，就是可以在一到二年的時間內讓 5 人團隊的能力變成擁有 8 人的戰力，聽起來很不錯吧？（至於 1% 的改善度在經過 50 次之後為何會是 64%？這用 1.01 的 50 次方概念就可以理解囉。）

接下來您一定會想問：「如果不改善弱點呢？」

首先，這要靠 Scrum Master 的功力，讓團隊認知到自身的弱點。其次，如果團隊有了認知，且有意願改善，那我們就盡力協助。然而，如果是一個團隊認知問題，且團隊又沒有改善的意願，那該怎麼辦呢？

要知道在現在這個超級競爭的環境下，一個待在不求進步的團隊中的義士，再過幾年變成烈士的機率是很高的。

講完缺點，當然也要談談 Scrum 的優點。

一個想要進步且自動自發的團隊，在 Scrum 的框架下會得到應有的尊重和授權，在正面循環的作用下，便會不斷增加自己的能力和產品的品質。能在這種團隊和環境工作，所得到的成就感和滿意度，都將遠遠超過由 PM 主導的傳統開發模式。至於這樣的說法是真是假，只能自行體會了。

回到 Scrum 是個「擴大器」的説法，既然 Scrum 能相當程度顯露組織的好壞，因此導入 Scrum 的前提就是——心臟要夠大顆。

畢竟，在察覺到團隊可以自我管理時，絕對會讓人雀躍不已；但若體驗到團隊失去外在壓力後產能直落谷底，或表現出不願意改善的態度，那時用「絕望」一詞也不足以形容這種感受。

所以，要導入 Scrum 前請先想想：您心臟夠大顆嗎？

以上是針對內部團隊來談透明性。同時在 Scrum 中，透明化的體現還在於團隊成員都能彼此理解對方的工作情況。而企業中的透明化，則包含流程、制度，與可以方便取得所需要的文件，如：知道交際預算的使用是由什麼職務決定，或者開發產品目前的營運狀況等資訊。

透明化的目的雖然是為了讓團隊工作更順利，過度透明卻容易造成資訊爆炸。所以，透明化程度的拿捏，需以工作為核心，並非所有事情或資訊都要透明化。

而對外部的顧客和利害關係人來說，透明性就是在每個迭代都能看到團隊做好的產品，並且當下就能給予修改的意見和方向。如果目前做的都符合顧客需求，那很棒呀！我們可以直接進到下一個階段。可是萬一做出來卻不是顧客想要的，那我們最多也只是損失一個短衝的時間；若是傳統的開發方式，結果卻是非常慘烈的——花了好幾個月的時間開發出來的產品，因為顧客一句話只能全部重來。

在《原來你才是絆腳石：企業敏捷轉型失敗都是因為領導者，你做對了嗎？》（以下提到此書會簡略以《原來你才是絆腳石》表示）一書裡提到，〈敏捷宣言〉中的第二條：「可用的軟體重於詳盡的文件」，這背後代表的價值觀便是透明化。

同時，為什麼〈敏捷宣言〉第二條要特別把文件與軟體做比較呢？

我認為這跟時代背景有關。

傳統的軟體開發模式中，因為分工較像流水線的形式，比如客戶跟 PM 訪談確認需求，PM 在整理需求並撰寫文件後，把文件交給軟體開發單位的主管，主管依此寫出技術設計文件，最後再把技術開發文件交給開發人員進行程式開發……覺得很冗贅吧？這邊可都還沒有提到與其他單位配合所需要的文件呢！比如給品質保證部門的測試案例，或是之後程式上線前的發布文件，這些都是必需的流程。

看完上述流程，會發現：依照傳統的開發方式，在開始寫軟體之前，就需要先寫出一堆文件。此外，文件完成之後，若有任何需求或設計的變更，便需要把文件一一更新；萬一沒有更新資料，後續接手的人閱讀文件就會像在看天書——有看沒有懂。

而長期待在軟體業界的人，都會知道開發文件的作用不大，這主要有三個原因：

首先，軟體專案的時程都很緊迫。

因為急迫，在專案時程被壓縮的情況下，寫文件當然是最先被放棄掉的，因為時間要留給寫軟體用。更進一步解釋：文件是為了讓之後接手的人好理解，但現在我都自顧不暇了，哪有時間考慮未來和他人呢？

其次，軟體是相對抽象的概念。

在蓋房子之前，都會有事先畫好的藍圖提供給客戶，以求預先看到房屋完工的具體樣貌。然而軟體並非如此——顧客只能大概描述他理想中的情況，也許可以加上圖示 (Mock Up) 幫助顧客想像，但許多

問題還是會在實際使用的時候才被發現。所以，當 PM 書寫需求文件時，根本無法處理到太多細節。

最後，是軟體的更新太容易。

這個原因也是最根本的原因。畢竟改一行程式碼，也許就會需要更新好幾份文件，而更新軟體的速度遠遠快於更新文件的速度，所以工程師大多會認為：「等多更新幾次程式碼後再來更新文件。」但最終往往連更新文件都省了。

綜合以上因素，在敏捷開發中提倡的做法是：讓程式碼本身就是文件 (Code as Documentation)。即讓後續接手的人，光靠程式碼與測試案例，就可以知道大部分的資訊，並能開始維護與更新程式碼。

當然，這是個理想中的狀態。

所以宣言中說的是「詳盡的文件」，而不是直接說「文件」。畢竟能被及時更新的關鍵文件，還是有其存在的必要性。但為什麼宣言中說「可用的軟體」，而不直接說「軟體」呢？

在傳統專案管理中，客戶大都是接近結案時才會看到產品的狀況。而如同上述所說，軟體是個抽象概念，因此客戶期待的成品大多會與實際做出來的差很多，接著，團隊就會進入不斷修改需求的地獄輪迴。

俗話說：「醜媳婦總得要見公婆。」

而敏捷開發則認為：既然早晚都要見公婆，不如早一點見面，讓公婆給些意見和反饋，以求盡快改善缺點，迎接以後的幸福生活。

身體最誠實，數據最確實，顧客最真實

在電影《天菜大廚》(*Burnt*) 中，主角亞當 (Adam) 是一位充滿天賦但脾氣暴躁的主廚，由於亞當很執著於要取得米其林的星星，讓自己與團隊都承受了很大的壓力，團隊成員因此不服氣而一直扯他後腿，致使他的摘星之路始終不順暢。直到有一天他突然想通了，回到最初想要做菜的初心，就是讓對方品嘗到用心做的美食，所以就算餐廳服務員通知發現米其林的祕密客來餐廳用餐，他也只是淡淡地說了一句：「做我們平常做的，我們一起做。」(We do what we do and we do it together.)

亞當專注於讓對方品嘗到美食的心意，就是一種顧客導向的展現。

一直以來，我們都很強調自己是技術導向 (Technology Centric) 的團隊，直到有一天敏捷發現了我們，我們才開始往使用者導向 (User Centric) 慢慢移動。

我曾自我感覺良好地認為自己的思維應是使用者導向，直到最近，我才赫然發現——果然是自我感覺良好。

有一次一個新開發的產品上線，但它的網頁開啟速度很慢。一個沒什麼圖片的登入頁面，使用者的第一次登入居然要花 5-10 秒才能載入完成。在仔細檢查程式碼之後，發現根本原因是一個 500K 大的程式碼 JavaScript library ——原來是團隊成員將產品內會經常用到的

JavaScript 功能集中在一起，但卻沒有壓縮而造成檔案過大，導致在網頁開啟時浪費了不少時間。

上述事件發生時，我剛好在現場，這時當然要仔細詢問這種荒謬的事情是怎麼發生的？

「為什麼要把程式碼都合在一起？」

「因為這樣可以減少伺服器發出請求的次數，讓頻寬的花費減少。」

「但是我們的網站最多不過十幾個 JavaScript，就算合併成五個以下，減少的伺服器請求也不到十個，這樣做有效益嗎？」

「這樣做會讓程式碼比較有條理，找起來容易，還有⋯⋯」

（以下省略 30 分鐘的討論過程，畢竟這種狀況應該每天都在各個團隊上演。）

到最後，因為我是個不會寫程式的產品負責人，沒辦法說服這個團隊此舉有問題，所以他們除了先執行壓縮並把檔案縮小後，就沒有下文了。

後來，有個夥伴提出網站記錄上，使用者下載速度過慢的問題來討論。我恍然大悟：之前的情況我竟圍繞在技術問題上打轉，而且還想說服技術人員、討論技術問題——這在在顯示出我骨子裡根本仍是技術導向的人呀！

如果我的想法是以使用者為導向，回到上述情境，我的問題應該是：「怎麼樣才能讓使用者更快看到頁面？」只有如此，我們才能免於技術的唇槍舌戰。因為技術的做法並不客觀，很多時候是會受環境限制，這樣不但討論不完，對錯也很難驗證。

然而使用者的體驗，可以反應在客觀的數據上。比如：這個改變對使用者來說有什麼影響？他們有沒有更快登錄、買更多東西、結帳速度更快、更常回來購買⋯⋯這些數據都是容易取得的，而且幾乎可以立即

依照結果來分析，並改善相關問題。（順帶一提，「提出之前產品改動對使用者的影響和分析」這件事，也是短衝回顧會議上非常重要的活動。）

在 Scrum 跟敏捷中，所有活動的中心都是圍繞著產品，目標都是「如何知道客戶要什麼」、「如何讓客戶最快用到產品」，以及「如何提升我們交付產品的能力」。

所以「客戶（使用者）要什麼？」在一個真正敏捷的團隊中應是常被提到的問題。因而「這對使用者有什麼價值？」這種問題被提出來的次數，也可以當作是產品成功的領先指標。

在您的團隊中，常聽到「這對使用者有什麼價值？」這句話嗎？

我們試想一個情境題：

有個客戶來公司開會，突然覺得肚子不太舒服而前去洗手間，當他按下沖水鍵後發現——衛生紙沒了！這個客戶只有您的電話，於是馬上打給您求救；然而此時的您剛好在與公司老闆一同參與重要會議。

這時，您會選擇怎麼做呢？

在不同的組織文化裡，這個問題有不同的答案。

在老闆掌握一切權力的組織中，會得到這樣的回答：「這是個偽命題，跟公司老闆開會必定要把手機關機，所以根本不可能會接到客戶的電話。」

而在業績是唯一目標的組織裡，答案是這樣子的：「要先思考這個客戶上個月貢獻的營業額。如果超過一千萬，我會當下便衝到廁所將衛生紙雙手奉上；若是一百萬左右，那就等我開完會再把衛生紙送去；要

是他上個月沒業績——衛生紙花費是公司業務費，外人需自行準備。」

至於在非常遵守標準流程 SOP 的組織當中，會是這樣的流程：「先看專案合約上是否有提到公司需提供衛生紙的服務。若有，再看服務協定 SLA 上規定要在幾分鐘之內送到，最後查詢 RACI 權責表中認定負責送衛生紙的是哪個單位。如果是我要去送的話，需要向會計申請衛生紙兩張，還要跟總務通知衛生紙的庫存少了兩張。如果兩張衛生紙不夠，請先找法務修改合約。」

以上是不同類型的組織呈現的回應。

若用〈敏捷宣言〉來看，這三種情況有什麼樣的缺失呢？

首先，〈敏捷宣言〉的第三條：「與客戶合作重於合約協商」，已指出上述第三種官僚主義的情形是不該發生的。

而〈敏捷宣言〉背後的原則第一條：「我們最優先的任務，是透過及早並持續地交付有價值的軟體來滿足客戶需求。」也說明及早滿足客戶需求比滿足老闆需求來得重要，因此第一種情況也不應該發生。

看起來，第二種貢獻價值導向的情況應該是最接近的選項。但〈敏捷宣言〉第一條：「個人與互動重於流程與工具」，說明敏捷應是以人為本的。所以當客戶陷入苦難，自己的行為又只是舉手之勞，怎麼能用業績來區分待遇呢？

那在一個敏捷式組織裡，應該會發生什麼事呢？

見到客戶的電話通知，需向公司老闆說明有客戶來電，在了解情況後表示該客戶有急事，自己可以快速處理後回來，並且衛生紙要親自送去，以免客戶尷尬。事後要向相關部門反應，並一起找出讓之後使用廁所的人不會再次遇到此問題的對策。

現在，客戶電話來了，您的選擇會是什麼呢？

自省是手指頭指自己，檢討是手指頭指別人

電影《絕地救援》(*The Martian*) 中的主角馬克 (Mark)，一不小心被留在火星上，為了活下去，他學習了用火箭的燃料製造水，用組員留下來的排泄物製作肥料，找回之前故障留在火星的探索車，一步步地建立自己的生存機制，等待救援的到來。如果他放棄了，不持續學習，就無法找到新方法，也許就會埋骨於火星了。

人需要活到老學到老，組織也是一樣，持續學習可以讓組織保持活力，應變外在的變化。

〈敏捷宣言〉第四條：「回應變化重於遵循計劃」，代表了持續學習，也就是不斷地學習更好的應變方法來適應環境，所以我認為敏捷式管理的最終目的是：建立學習型組織。

除了 Scrum 的活動外，我們還可以經由「結對編程」(Pair Programming)——即兩個人同時一起處理一件事情——讓彼此在工作中學習各自的專長。

另外，企業內外各種技術與學習的分享，比如建立企業中的實踐社區（Community of Practice，簡稱 COP）、參與產業中的社區活動等。這些都是讓企業保持學習文化的具體方法。

「這個採購案不能進行，因為去年沒有編列這項預算。」

這種說明因去年沒有計畫所以今年不能做的理由，應該常在組織中聽到。但每次我都會想：「這個計畫到底是幫助公司有效管理，還是限

制公司的成長？」

「回應變化重於遵循計劃。」

這句話聽起來很簡單——若現實環境改變，我們應更改原本的計畫，並適應新的情況。但我認為，這是最難做的一條。因為不論是人或是組織，都有慣性——人們會習慣跟著過去的計畫往下走，直到走不下去為止。

在敏捷的各種方法論中，Scrum 最專注於工作模式上。故 Scrum 中的各種活動，都是專注在檢視現狀，並做出相對應的調整。

在 Scrum 固定時間的短衝 (Sprint) 中，每日的站會 (Standup)、每個短衝的回顧會議 (Review Meeting) 與自省會議 (Retrospective Meeting)，只是檢視和調整的目標對象不同，其核心概念都是為了讓團隊慢下來——先停止工作，觀察目前的情況是否符合預期。

比如在每日站會裡，團隊成員檢視的是在短衝中每天的工作情況：工作進度是否遇到阻礙、團隊成員是否有需要協助，或是有需要尋求他人協助的地方。

回顧會議的時間點則是在每個短衝結束前，且重點放在產品本身。邀請利害關係人一起檢視：這個短衝所做的成果是否符合他們的預期？有沒有需要修改的功能？或是有沒有其他可以讓產品更好的點子？

除了這個短衝的成品，過去產品的功能績效，也應在此時被追蹤與討論。而產品負責人在會議上蒐集這些反饋後，將之反應在產品待辦清單的修整 (Refinement) 上，思考是否新增、修改或刪除使用者故事 (User Story)。

換句話說，有效的回顧會議應有的影響，就是讓產品待辦清單是活

的──這代表著產品待辦事項會經常性地變動，包含優先級順序和內容的變動。如果產品的待辦清單長期下來沒有優先級或內容的改變，這是一個需要注意的警訊：代表我們可能沒有取得反饋，或反饋沒有被接納並反應出來。

而自省會議中，團隊檢視的是該短衝中的工作情況，並決定下個短衝裡所需要的改善事項。然而自省會議是最重要，也是最難開好的會議──最常遇到的難點是流於形式，變成大家閒聊一會兒便散會的情況。

所以在實務上，SM 需要找各種方法讓團隊成員願意坦誠地面對問題，或說出具有建設性的回饋，並且要保持大家的新鮮感。

進行自省會議的常見方法，包含時間軸回顧、「＋（多做）、－（少做）、＝（持續做）」、肯定與感謝、慶祝等。此外，在 Google 上搜尋 Retrospective Games 也可以找到許多自省會議的點子。

而自省會議中最重要的產出是──改善事項，即便是一件非常微小的事也好。承繼前文所言，只要我們每個短衝都比上一個好一些，可以預期在經過一年的時間之後，團隊就會脫胎換骨！

因此我認為：自省會議是讓團隊工作效能提升的最重要會議，更是 Scrum 的精華所在。

在決策的時候，除了大家熟悉的主管決、投票決、共識決等等方式，還有另一個認可決 (Consent) 的選項。認可決是全員參與制中的關鍵，共識決與認可決最大的差異點，在於共識決需要全部人都同意，而認可決只需要達到沒有重大反對意見就可以進行。在認可決的過程中，所有的反對意見都是很寶貴的資訊，可以幫助我們調整提案，這也是一個讓成員可以分享觀點、互相學習的過程。

〈敏捷宣言〉第四條：「回應變化重於遵循計劃」，這個概念背後的價值觀便是持續學習。如同上文在 Scrum 中的各種活動，都是觀察現況、做出改變、檢視成效的不斷循環——這就可以反應出：該團隊的能力是持續提升的！

完美的人並不存在，但任何人都可以更接近完美

很久以前，有一個完美的男人和一個完美的女人談了一個完美的戀愛，他們有了一個完美的婚禮，從此過著完美的生活。在聖誕夜晚上，這對完美的夫妻開車時在路邊看到聖誕老人，決定送聖誕老人一程，但一不小心發生了車禍，只有一個人活了下來，請問完美的男人、完美的女人、聖誕老人之中誰活了下來呢？

Scrum 的團隊需要自組織 (Self-organization) 和跨功能 (Cross-functionality)，所以很多第一次聽到 Scrum 這種運作方式的人都會心生疑惑。

每個人自動自發做出貢獻，沒有階級制度，卻能互相合作產出使用者喜愛的商品，更重要的是，這一切完全不需要團隊外的人鞭策和命令──這根本就像是柏拉圖式的理想國或共產主義的完美實踐：各盡所能，各取所需。因此有人說這是神話。

對此，我想引用 Bas Vodde 說過的話：「您沒在我待過的環境，您沒辦法想像 Scrum 可以到達的境界。」

一般人總覺得現實是殘酷的，世界不可能真的那麼理想。因此我認為：敏捷開發並不適合每個人──至少不適合那些觀念還沒改變的人。

那麼哪些人適合在敏捷的框架下協作呢？

這要回歸到 Scrum 跟 Agile 的精神：對人員的要求。

參考〈敏捷宣言〉與〈敏捷宣言〉背後的 12 原則，我整理了人員的重點行為如下：

個人與互動重於流程與工具：樂於與人互動

「個人與互動重於流程與工具」展現的是團隊成員重視團隊成功勝

過於個人的成功。而這所顯現的重
點行為是：樂於經常與人互動，此
處的「人」包含團隊中的夥伴還有
外部的合作夥伴和客戶。

團隊與客戶能夠表達並且
理解對方的想法，便能以積極
(Motivated) 的個人來建構專案。公司給予團隊所需的環境與支援，並
更信任他們可以完成工作。此外，面對面的溝通是傳遞資訊給開發團隊
及團隊成員之間效率最高且效果最佳的方法。

可用的軟體重於詳盡的文件：能做出產品

「可用的軟體重於詳盡的文件」意味著敏捷重視能夠交付並實際可
用的成品，勝過於不斷在紙上規劃和交接。此處所顯現的重點行為是：
「能做出產品」。因為可用的軟體是最主要的進度量測方法，因此必須
盡力做出可用的產品 (Shippable Increment) 投入市場測試。我們最
優先的任務，是透過及早並持續地交付有價值的產品以滿足客戶需求。

與客戶合作重於合約協商：以客戶的利益為出發點

「與客戶合作重於合約協商」展現的是尋求與客戶之間的緊密溝
通，而非將自己與顧客分立為僅僅是契約上的甲乙方。此處所顯現的重
點行為是：「以客戶的利益為出發點」。這代表的是竭誠歡迎改變需求，
甚至處於開發後期亦然。因為敏捷流程掌控變更，需以此維護客戶的競
爭優勢。開發者與相關人員必須在專案全程中保持密切的關係，必要的
話，甚至天天都需要在一起。

回應變化重於遵循計劃：樂於改變

「回應變化重於遵循計劃」展現的是擁有時時回應變化的心態，勝

過於只想謹守一個完美不動的計畫。而這顯現的重點行為是：「樂於改變」。一般實務上短衝以1週或2週為主流，在數週到數個月的頻率中交付可用的產品，使團隊可以時時保有彈性，從而創作團隊穩定的工作節奏。此外，團隊也會定期自省如何更有效率，並以此調整與修正自己的行為。

總結來說，在敏捷開發中對個人的要求是什麼呢？

很簡單，就是——保有積極與樂於改變的態度，並以客戶的利益為出發點，盡力做出可用的產品。此外，除了樂於天天面對面與人互動，還要重視團隊成功大於個人成功。而在技術上，不但要有專業能力，還能以可持續的步調在短時間內交付產品，並持續追求優越的技術與優良的設計。最重要的是——要能定期自我反省並實際做出改善。

以上的條件聽起來是不容易做到，但其實每個人只要願意都可以實踐。就像森林中的每一棵樹都展現了整片森林的生命力，因為在土壤中整片森林的樹根彼此糾纏、相互連結、一同生長。樹是小我，森林是大我，有森林的支持讓每棵樹有伴不孤單，有每棵樹的參與讓森林有趣不無聊。

森林就像是團體，樹就像是個人，當我們能享受彼此的羈絆、強化相互的溝通、支持共同的成長，就能讓所有的夥伴有伴不孤單，有趣不無聊。

這也是敏捷能帶給個人和組織的價值。

回到前面問的問題，完美的男人、完美的女人、聖誕老人之中誰活了下來呢？答案是完美的女人，因為完美的男人和聖誕老人並不存在。

聰明的您應該已經想到：如果真的是完美的女人，怎麼會出車禍呢？

Chapter 3

基礎戰技
敏捷有哪些內容

不管黑貓白貓，能捉到老鼠就是好貓。

——鄧小平

從前有一個人想要出門買鞋子，於是在家裡量了自己的腳，然後把長度寫在紙上，之後就開開心心地出門了。到了鞋店，老闆問他鞋子的尺寸，他摸了摸自己的口袋，然後很挫折地說道：「慘了！慘了！我量好腳長，也寫下來了，但竟然忘了帶紙！」

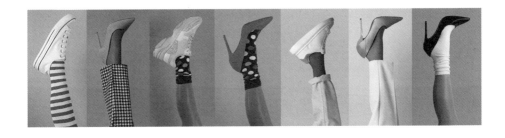

其實敏捷的各種方法就像鞋子一樣，適合自己的腳比紙上寫了些什麼來得重要。但我還想要強調一點：合適並不代表舒適，舒適的環境代表的通常是安逸並失去競爭力。而敏捷，多多少少會讓自己不舒服，因為這代表了正在踏出舒適圈，而踏出舒適圈，就是學習成長的第一步。

不論是什麼方法，我都建議參考日本劍道的學習原則：「守破離」(Shu-Ha-Ri)。也就是說，學習的第一步是找到老師，接下來老師說什麼就做什麼，先清空自己，放下之前的思維，「守」住老師的方法照做。如果不肯照做，之前就不應該找這位老師。照做一段時間，到達一個程度後，開始會有一些自己的想法和心得，這時候就可以按照自身的狀況調整，也就是邁向「破」的階段，開始找自己的風格。最終的階段則是擁有自己的風格自成一家，到達「離」的階段。

守破離

Shu	Ha	Ri
守	破	離
Follow the Rule	Break the Rule	Be the Rule
依照規則	突破規則	成為規則

　　學任何東西若沒有經歷這三個階段，就像是號稱拜師學劍術的武士，只願按照自己的想法揮刀，如此又何必要拜師呢？我看過一些團隊，學習敏捷的過程還沒有「守」就開始「離」，這是很可惜的，因為沒有實際按表操作過，並沒有辦法理解每個方法的精髓，最終就是草率以「我們跑過 Scrum 但不適合我們」帶過。然而，跑半套的 Scrum 真的叫 Scrum 嗎？

　　此外，如果想貫徹敏捷，首先要明白敏捷包含許多種方法，包括看板 (Kanban)、Scrum、精實 (Lean)、極限編程 (XP) 等。

　　舉例來說，看板方法 (Kanban) 就是工作透明化的好幫手，許多跑 Scrum 的團隊會同時使用看板來讓工作事項一覽無遺。因此，看板最大的價值是讓團隊的工作透明化，進而得以找出目前卡關的事項、工作流程的瓶頸或工作量的分配等問題，從而針對問題點改善。有興趣的讀者可以參

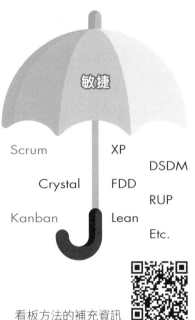

看板方法的補充資訊

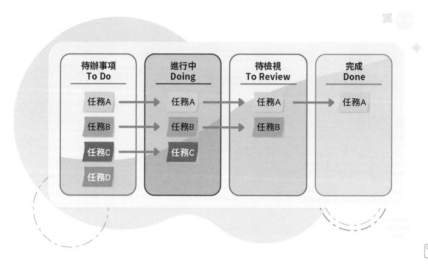

會流動的看板 工作任務依處理的進度而在不同的狀態間移動，從中可得知每項任務做到哪裡，或是否陷入停滯，所以工作任務要拆解到夠小，可以每日看見。

圖片出處：https://www.titansoft.com/tw/agile_toolkits/kanban-method

考〈看得見：看板讓您看得見〉和〈看板方法介紹〉這兩篇文章，得到更多關於看板運作的介紹。

看得見：看板　看板方法介紹
讓您看得見

　　至於最熱門的敏捷方法當屬 Scrum。Scrum 原意是橄欖球的爭球動作，軟體界並沒有針對這個詞的中文翻譯，都是直接以 Scrum 稱呼它。Scrum 是用於開發和持續支持複雜產品的框架，也是目前最時興的一種敏捷工作方法，大多數進入敏捷開發的團隊多半嘗試使用 Scrum 運行。

　　Scrum 特點是利用短週期的次次迭代來求取進步，在 Scrum 中，每個週期稱之為短衝 (Sprint)，每個短衝的時間是 1-4 週不等，實務上則多建議每個短衝不超過 2 週。藉由 Scrum 的方法可以快速讓產品或服務迭代，持續取得資訊和顧客反饋，並依此改善。

催生 Scrum 的 Ken Schwaber 和 Jeff Sutherland 兩人共同撰寫並釋出了《Scrum 指南》(*Scrum Guide*)，供讀者在網路上自由下載。同時，《Scrum 指南》在 2020 年做了改版，有興趣的讀者可以參考敏捷三叔公 David Ko 所做的不同版本比較。

敏捷三叔公 David Ko
〈Scrum Guide 2020 - Scrum Team 的轉變〉

由於 Scrum 使用度高，加上我所實踐的敏捷偏重於 Scrum，本書將著重在公司導入 Scrum 的內容介紹，以下篇章將依序細說 Scrum 的三種角色、物件與活動，以及敏捷的精神，期望在《Scrum 指南》的基礎上，增添我個人的舉例和經驗，讓讀者更快了解敏捷方法如何一步步從「守」開始做起。

我有各種角色，但每個角色都不等於我

小明走在路上，看到有兩個人在路旁挖洞，神奇的是第一個人挖完洞後，第二個人就把洞填起來了。而且還不是只挖一個洞，他們沿著路旁重複做一樣的事情。

小明看了 1 個小時，看著他們挖了十多個洞又填起來，終於忍不住問道：「請問你們在做什麼？」

其中一個挖洞的人回答：「我們在種樹。」

小明更疑惑了：「我沒看到樹啊。」

挖洞的人回答：「負責種樹的人今天生病了，他沒來怎麼會有樹！」

如果是您的團隊，種樹的人今天沒來的話，會發生什麼事呢？

「每個人都是步槍兵，然後才是其他角色。」這是美國海軍陸戰隊的格言，就是希望每位海軍陸戰隊的成員都擁有戰鬥力。

我認為在敏捷團隊中，每位成員都先是產品和服務的提供者，然後才視情況扮演不同的角色，如果讓角色限制了自己的成長，就太可惜了。這也是在鈦坦科技中，工程師的職稱一律稱為產品開發師 (Product Developer)，而不分為前端、後端的原因。

那麼，除去傳統專案的各種職稱頭銜，實際在 Scrum 專案中會有哪些角色呢？

1. Scrum Master
簡稱 SM，無中文名稱，以下對此皆簡稱 SM

我們先來看看《Scrum 指南》裡如何定義 Scrum Master：

「SM 的職責，就是確保 Scrum 被了解和實行，並確認團隊遵循 Scrum 理論、實踐和規則。簡言之，SM 就是團隊的『僕人式領導者』，除了必須幫助團隊以外的人了解如何有效與團隊互動外，也要幫助每個人改變互動方式，讓團隊創造的價值最大化。」

剛接觸 Scrum 時，對 SM 誤解最深的就是：不過是個「僕人式」的團隊領導者而已。後來，我才發現自己大錯特錯—— SM 根本是個神一般的存在！

在導入 Scrum 的經驗中，我和團隊切身感受到：「好的 SM 帶您上天堂，壞的 SM 讓您自以為在天堂。」因為 Scrum 講求的是「自組織」，所以剛開始導入時，許多外在的壓力突然消失，讓開發團隊進入一種快樂到無重力的狀態。

但這時候，主管都還是在觀察。如果團隊保持現狀、不思進取，讓主管對 Scrum 失去信心時，舊的環境就會回來；因此，唯有自我要求，才能讓團隊持續進步。過程中 SM 的工作，就是要能讓團隊時刻認知到進步以及自我要求的重要性。

而其中「敏捷相關的知識和經驗」要依靠 SM 維護。

SM 如何服務組織成員

對此，《Scrum 指南》中分成對「產品負責人」(Product Owner)、對「開發團隊」以及對「組織」三個對象來說明，這部分我

們延續其架構稍做中譯說明：

SM服務PO的方式

- ⓐ 了解和實踐敏捷方法
- ⓑ 了解在「經驗導向環境」中的產品規劃
- ⓒ 找出有效管理產品待辦列表（Product Backlog，簡稱 PB）的技巧
- ⓓ 幫助團隊了解產品待辦列表，並保持列表清楚簡潔
- ⓔ 確保 PO 知道如何安排產品待辦列表，將價值最大化
- ⓕ 當被要求或是有需要時，引導 Scrum 事件進行

SM服務開發團隊的方式

- ⓐ 在尚未完全採用和了解 Scrum 的組織前，訓練開發團隊
- ⓑ 教練開發團隊如何自組織 (Self-organization) 和跨功能 (Cross-functionality)
- ⓒ 幫助開發團隊創造高價值的產品
- ⓓ 移除阻擋開發團隊進步的障礙（Impediments，但不是所有障礙！）
- ⓔ 當被要求或是有需要時，引導 Scrum 事件進行

SM服務組織的方式

ⓐ 領導和訓練組織如何採用 Scrum

ⓑ 規劃 Scrum 如何在組織中實行

ⓒ 幫助員工和利害關係者了解並實踐 Scrum

ⓓ 協助經驗導向的產品開發

ⓔ 引導改變，來增加團隊的生產力

ⓕ 跟其他 SM 協力，讓組織更有效地應用 Scrum 方法

SM 的角色像什麼？

《Scrum 指南》如此比喻 SM ——就像是部隊裡的輔導長，SM 不應擁有對團隊的管理權威，特別是人事權，因為這對於自組織的產生是有害的。

其中，引導 (Facilitating) 對 SM 來說是最重要的能力，因為 SM 服務的對象有開發團隊、產品負責人以及組織，並且要時時注意提升開發團隊的技術與實踐能力。

最常被誤解的 SM 工作是「移除障礙」。誤解的人將此解讀為：沒人做的、不想做的、沒時間做的，都是 SM 的事，所以 SM 常被當成「雜工加救火隊」。

但這是對定義的誤解，回頭看看上述說明吧—— SM 的工作不是移除「所有障礙」，而是移除「阻擋團隊進步的障礙」。舉例來說，整理產品待辦清單、召集大家開會等事情，便算不上是「阻擋團隊進步的障礙」。

或者我們還可以這樣比喻—— SM 是團隊的父母。而養育小孩的目的，不是為了幫小孩掃除所有成長路上的障礙，而是為了讓小孩有一天可以自行解除障礙，不需要父母也可以獨立存活。

2. Product Owner
簡稱 PO，產品負責人，以下對此皆簡稱 PO

在 Scrum 法中，我們常聽到 Team 和 SM 這兩個名詞，而 PO 往往被誤以為是個不太重要的神祕角色，然而，在 Scrum 方法中，PO 才是產品成功與否的靈魂人物——因為 PO 相當程度影響產品成功與否，而通常產品如果成功，Scrum 模式才得以繼續實行。

這對團隊的生死存亡影響很大，所以組員一定要充分了解其職責，以及 PO 如何提供幫助。

產品負責人的職責

產品負責人的職責內容，在《Scrum 指南》中有清楚的定義：

「PO 是將產品和 Development Team 工作的價值最大化，至於如何達成這個目標，則會因組織、Scrum Teams 或是個人特質的不同而有很大的差異。」

產品負責人是唯一負責管理「產品待辦清單」的人員，管理內容包含：

ⓐ 清楚地表達產品待辦事項 (Product Backlog Items)
ⓑ 以最能達成目標和任務的方式，來為產品待辦列表中的事項排序
ⓒ 將開發團隊所執行工作的價值最佳化
ⓓ 確保產品待辦列表透明公開且清楚表示，也要顯示團隊下一個要處理的事項
ⓔ 確保開發團隊充分了解產品待辦列表中的事項

以上工作也可以由開發團隊來做；但不管由誰來做，仍然是由 PO 當責。

PO 必須是一個人，不可以是一個「委員會」；如果有產品委員會，PO 可以在產品待辦列表上表達委員會的意圖和想法。但不管是誰要更改產品待辦事項的優先順序，都只能對 PO 提出。

要讓 PO 成功執行分內工作，整個組織必須尊重 PO 的決定，而 PO 的決定，可以從產品待辦列表的內容和排序方式看出來。

任何人都不能要求開發團隊做產品待辦列表外的工作，開發團隊也不可以做 PO 以外的人要求的工作。

稍微總結一下：

ⓐ 只有 PO 可以決定要做什麼和先做什麼
ⓑ 一個團隊只能有一個 PO
ⓒ 一個團隊只能有一份「產品待辦列表」
ⓓ 維護「產品待辦列表」並確保每個人都看到且了解內容，這非常重要！

開發團隊如何幫助 PO？

這部分，我們直接介紹《Scrum 指南》裡的三點內容：

ⓐ 讓 PO 知道，我們對產品待辦事項的了解是否足夠
ⓑ 除了 PO 提出的需求之外，其他人提出的事項一律不做，也不接受
ⓒ 按照「產品待辦清單」上定義的順序開發產品非常重要！

感覺上 PO 可以決策的事很多，而實務上來說，PO 會遇到的困難也不少，特別是面對客戶和利害關係人的壓力，關於這部分，我們會在後面兩個章節一一說明實務上的建議。

3. Development Team
開發團隊，以下對此皆簡稱 Dev Team

當我們提到「團隊」(Team)，指的到底是 Scrum Team？還是 Development Team 呢？這兩者在 Scrum 裡是有差異的，而且差異還不小。

應該這麼說，Scrum 裡的團隊，基本上成員組成是 PO、SM 加上開發團隊（即 Development Team），這樣的設計是為了最佳化靈活性、創造性和工作效率。因此，團隊用迭代 (Iteratively) 和遞增 (Incrementally) 的方式交付產品：迭代使產品有最大化的回饋機會；遞增則以確保已完成 (Done) 產品永遠有潛在且可用的版本。

開發團隊有以下特性：

a 自組織	**b** 跨功能
即沒有人（包含 SM）要求團隊成員把產品待辦列表，並轉化成有潛在可交付功能的遞增。	即開發團隊本身擁有所有需要創造產品增量的技術。

Scrum 認為：不論團隊成員的工作內容為何，所有人的頭銜均為產品開發者 (Developer)；且開發團隊中並不存在區分類別，不管是多特別的領域，例如測試或商業分析。個別的開發團隊成員可能會有自己的專門技術和關注領域，但是全體成員都要當責。

開發團隊的人數

關於最佳的開發團隊人數，只有一個準則：「小到可以保持敏捷；大到可以在一個短衝中完成顯著的工作。」

人數少的小開發團隊可能會在短衝中被技能限制住，因而無法交付潛在可發布的遞增。此外，少於三人的團隊會因為互動減少而造成工作效率低。但大的開發團隊也不是沒有缺點，因為人數多於十人則會產生不利於管理經驗導向的流程，且具有太多複雜性。另外，PO 和 SM 並不包含在人數計算中，除非他們也在執行「短衝待辦清單」(Sprint Backlog) 中的工作。

綜合以上敘述，我們來做個總結：

（1）團隊包含 PO、SM 和開發成員。

（2）開發團隊包含可以投入在短衝中有所產出的專業人士。

（3）團隊用迭代和遞增的方式交付產品。

　　（a）迭代 (Iterative)：在重複製作產品的過程中，每次的製作都會套入新的經驗或需求。

　　（b）遞增 (Incremental)：不斷加上去可以用的非半成品。

（4）團隊和開發團隊都是要自組織和跨功能。

　　（a）自組織：自己決定如何做 (How)。

　　（b）跨功能：自己可以完成產品。

（5）每個短衝產出為潛在可發布已完成的產品遞增。

　　（a）潛在可發布：PO 隨時想發布就可以發布。

　　（b）已完成產品遞增：沒有重大錯誤而能使用的新增產品功能。

（6）開發團隊人數應在 3-9 人之間，不包含 SM 和 PO，除非他們也執行待辦列表的工作。以我自身的經驗，團隊成員在 5-7 人之間可以產生較高的綜效，比較不會因為人員異動被影響，也避免了人多而增加溝通複雜度。

3-3 Scrum 的物件與活動

活動的目的在於建立團隊的節奏感

一位主教到非洲的一座教堂參加祝聖儀式。教堂的椅子不夠，主教只能坐在一個裝肥料的木箱上。儀式開始不久，木箱就被主教壓破了，主教跌倒在地，但是教堂內沒有一個人笑。後來，主教對該教堂的神父說：「你們這裡的人真有禮貌，我跌倒了竟然沒有人笑。」神父回答：「噢，我們都以為跌倒是儀式的一部分呢。」

Scrum 中的各種活動和物件，也可以把它們當作儀式，但每一個儀式都有特定的目的和原因，而不是為了過場好看而已的。如果團隊在

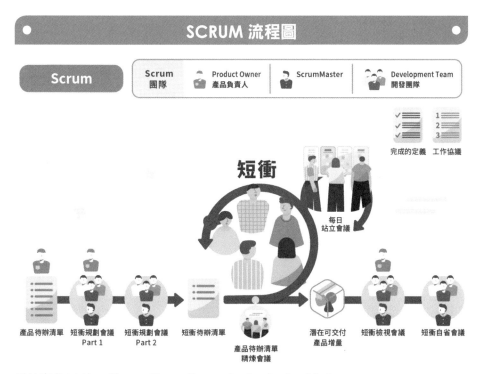

圖片出處：https://www.titansoft.com/tw/agile_toolkits/scrum

剛剛開始運行 Scrum 時覺得有某一個活動是無效或浪費時間的，很大的可能是有地方出錯了。這就是個學習與調整的好時機。相同的，如果跑 Scrum 一年後，還是按照一模一樣的方式在跑而沒有改變，我也會猜測他們是在跑儀式，而不是跑 Scrum。

在此小節以前，我們提了很多關於 Scrum 的大概念，而由此開始，我們會正式進入 Scrum 的解說。前文提及很多 Scrum 專有名詞，但大都是以輔助心法為要而補充。此處我們預計將 Scrum 裡常提到的專有名詞概念解釋清楚，並依照《Scrum 指南》裡的定義，將這些專有名詞以「物件」和「活動」兩大塊分類，其中還加上我認為實務運作時有必要了解的一些專有名詞，以期能更進一步釐清 Scrum 運作的細節：

物件

1. Item（**物件**）：

   又稱 User Story 或 Story，是 PO 定義的產品產出。Item 的大小很講究，一般多半可讓團隊在正常的情況下，維持一個短衝可以完成 3-5 個 Item 的步調。若 Item 太多，整體團隊太繁忙，產品品質容易大打折扣；但若 Item 太少，團隊難以感受到成就感，整個 Sprint 過後只覺得好像一事無成，這對團隊信心將會是無形的打擊。

2. Task（**工作**）：

   是團隊針對 Item（不是 PO 也不是 SM 喔），列出完成 Item 所需的工作。而工作的分配是由開發團隊自己安排，並非由一個或多個管理者由上而下分派。

3. Product Backlog（**產品待辦清單**）：

   可視為由 PO 負責整理的產品願景圖。以 Item 為單位，是一個集合所有 Item 的清單。此清單將由 PO 排序優先級，供開發團隊由上而下依序施工。

4. Sprint Backlog（短衝待辦清單）：

開發團隊向 PO 承諾這個 Sprint 會盡力完成的 Item List。以 Task 為單位，由開發團隊從 Item 分割為 Task，並在整個 Sprint 完成，此清單由開發團隊負責管理。

5. Potentially Shippable Product Increment（潛在可交付產品增量）：

即開發團隊的產出。簡單來説，就是當 PO 説要上線，便可以立刻上線的產品才算數。

6. Burndown Chart（燃盡圖）：

剩餘的工作量圖表。以 Task 大小為單位。以打怪的遊戲來比喻，這有點類似怪物的血條，可以看出目前怪物還剩下多少血量，短衝期間可以用燃盡圖來看出剩餘的 Task 還有多少。

活動

Scrum 的活動每一個都有它的目的和時間限制 (Time Boxed)。

1. Sprint（短衝）：

顧名思義，就是當團隊決定要做哪些 Item 後，著手去衝、去執行的時間段。Sprint 長度定義上是 1-4 週，但實務上建議不要多過 2 週。而且 Sprint 長度應該要保持步調穩定，這樣才容易讓團隊掌握節奏，往後也較容易預估和比較 Sprint 內的工作量。其中有一個大原則是：Sprint 內的 Sprint Backlog 不改變。（但有原則就有例外。）

2. Daily Scrum（每日站立會議）：

利用每天 10-15 分鐘的時間，讓開發團隊彼此間的資訊同步。由於時間的嚴格限制，所以大多會利用站著説話的方式，以利眾人長話短説。

3. Sprint Planning（短衝規劃會議）：

Sprint 開始時，討論這個 Sprint 團隊可以交付的 Item 有哪些。Item 的優先順序由 PO 決定，要選多少 Item 則由團隊自行決定。

4. Product Backlog Refinement/PBR（產品待辦清單精煉會議）：

PO 跟 Team 一起討論近期內會開始施工的 Item。主要是從商業和使用者角度切入，盡可能不觸及技術細節。

5. Sprint Review（短衝檢視會議）：

Sprint 結束時針對產品的會議。PO 會邀請利害關係人對產出給意見，產出必須要是可用的軟體才算數。會議進行中並不準備 PowerPoint 或其他簡報，會單純就以軟體操作來取得回饋。

6. Sprint Retrospective/Sprint Retro（短衝回顧會議，個人偏好稱為「自省」會議）：

Sprint Review 後，Scrum Team 成員（團隊或包含 PO），針對這個 Sprint 團隊的工作模式做討論和改善，並訂出下個 Sprint 的事項。為了創造一個安全的環境，原則上只有團隊成員才能參加。

由於 Scrum 是個易學難工的架構，基本上公司只要導入 1 個月，就可以似模似樣地入門了，但 Scrum 背後的精神，如團隊自我組織、持續改善等，卻可能要數個月到數年才能見效。因此，持續學習是必要的。

另外，Scrum 的架構適合於一個產品配合 1-3 個開發團隊的情況。如果一個產品需要更多人，則可以參考有兩套基礎於 Scrum 的方式：一套是同樣以人為本的 LeSS (Large Scale Scrum)；另一套是加入流程控制的 SAFe (Scaled Agile Framework)。

3-4 敏捷的精神

很多人是三十歲就死了，到八十歲才埋葬。

——本間久雄

日本小說家

有一天史達林、邱吉爾、羅斯福一起泡三溫暖，說著說著就比起誰的部下最有勇氣。

史達林：「二兵，爬上那個旗杆，把旗子取下來。」史達林的部下便完成任務。

邱吉爾：「二兵，全副武裝爬上旗杆把旗子掛回去。」邱吉爾的部下也完成了任務。

接著輪到了羅斯福：「二兵，全副武裝爬上旗杆跳一支舞！」

羅斯福的部下望了望旗杆：「總統，你瘋了嗎？」

羅斯福：「這才叫勇氣！」

目前軟體開發有兩大相對的概念：

其一的正式名稱為瀑布式開發 (Waterfall)，心法是以流程為主軸，以 CMMI 最具代表性，在幾年前台灣政府曾大力推動支持。

其二則是正式名稱為敏捷式開發 (Agile)，心法是以人為主軸，在 1990 年代異軍突起。

不管是跑瀑布式開發或敏捷工作流，我常覺得願意嘗試新方法、持續面對自己的不足、突破框架、走出自己的一條路，都是需要很多勇氣的。

不過這也導致很多人在聽到「敏捷」一詞的時候，總是會眉頭一皺：「『敏捷』是軟體工程師的事，跟我有什麼關係？」

其實在敏捷式組織裡，早就沒有這種大領域的區別。

敏捷的風從軟體資訊領域吹向企業管理的主要原因有二：

一是如美國知名創投馬克·安德森所說：「軟體正在吃掉世界。」

現代企業不可能完全跟軟體無關，不管是使用外部開發的工具，或是企業自行開發的營運系統，都會運用到軟體。能更好地運用資訊系統，就能打造出更好的產品——這攸關企業的生死存亡。所以了解和熟悉敏捷開發的方法，能讓我們更好地和資訊部門協作，發揮加乘的效果。

原因之二是敏捷的方法和精神，能幫助企業在霧卡 (V.U.C.A.) 世界中生存與找到商機。霧卡 (V.U.C.A.) 是英文簡寫，意思是「變動性、不確定性、複雜性和模糊性」(Volatility, Uncertainty, Complexity and Ambiguity)。

因為科技數位革命提高了資訊流通的速度，當今的商業環境變動非常快速。

以服飾業為例，傳統的服飾業從設計、鋪貨到店面需約 8-10 個月的時間；而 Zara 的快時尚，則只需要 2-3 週就可以從設計到販售——這完全顛覆業界的傳統模式。Zara 營運模式中的各種方法，如製作小批量商品、利用多種商品測試市場反應、快速取得銷售數據以決定要加碼的產品等，種種都是敏捷開發方法中精實 (Lean) 和 Scrum 的做法。

回到瀑布式開發與敏捷式開發，這兩大概念有何差異呢？

我認為此兩者的不同處，在於其中心思想。

若用中國哲學方式來比喻，瀑布式開發應是法家，以法為主、人為輔，並強調「不別親疏、不殊貴賤、一斷於法」。對於企業來說，即只要規則訂好，員工照著做就會有好產品；而敏捷式開發則是道家，以人為主、法為輔，主張「道法自然」。「道」沒有一定的形式，需觀察目前情境來做調整，並且將人趨於利的天性考量進去。

總之，敏捷式的專案管理更注重在人的層面，講求的是從快速及經

驗中學習反應和團隊的自我管理。

企業敏捷化不是理論，而是實踐

由於資訊系統在營運中的高重要性，以及敏捷可以幫助企業更好的適應變動激烈的環境，故許多企業都開始把敏捷方法應用在資訊部門以外的領域。如 ING 荷蘭國際集團於 2015 年將總部（包含市場、銷售、渠道管理、資訊等部門，共 3,500 人）從傳統的組織架構轉變成為敏捷式組織。

在商管學院常常談論到企業變革、組織再造、學習型組織等專業名詞，這些一直都是企業追求的目標，然而教科書上並沒有提供如何達到此目標的具體做法。

而敏捷轉型透過短週期的迭代，持續實驗和學習，讓組織和流程持續改善。這提供了企業有效且低風險的轉型路徑，並能達到組織新陳代謝快、激發員工的主動性、不斷在產品與服務上創新等成果。

有二十多年企業轉型顧問經驗的 Jutta Eckstein 和 John Buck，兩人都在《原來你才是絆腳石》一書中提供協助敏捷轉型的各種工具，以及敏捷在企業中實踐的案例。

由此可知，在國外的資訊產業界，大家在談論的已經是「如何更好地使用敏捷」，而不是「要不要使用敏捷」。

因此，我們要再次提到源於軟體開發的「敏捷」(Agile) 一詞中的四大價值觀：

Individuals and interactions over processes and tools.

個人與互動　重於　流程與工具

Working software over comprehensive documentation.

可用的軟體　重於　詳盡的文件

Customer collaboration over contract negotiation.

　　與客戶合作　重於　合約協商

Responding to change over following a plan.

　　回應變化　重於　遵循計劃

　　以上，第一條對應到「自組織」，第二條對應的是「透明化」，第三條則是對應「顧客導向」，而第四條是對應「持續學習」。為了更好地應對變化和增加企業的可持續性，敏捷以團隊為核心來運作，並希望團隊可以：擁有共同的目標、自行交付端到端的產品或服務、跨功能的團隊成員、穩定的團隊組成、依照 Scrum 或看板的方式來運作。

　　而跑 Scrum 的團隊，應該都要知道 Sprint Commitment。

　　《Scrum 指南》在 2013 版的時候，用了短衝預測 (Sprint Forecast) 取代短衝承諾 (Sprint Commitment)，但我個人始終還是比較喜歡承諾這兩個字。比較一下這兩句話：「我承諾跟你在一起一輩子。」跟「我預測跟你在一起一輩子。」哪一個比較有感情？

　　而該怎麼解釋 Sprint Commitment 的概念呢？

　　一般來說，在短衝規劃會議上，開發團隊會依照 PO 給的 Items 優先順序，從最高至最低開始自行選取，一直選到大家覺得再增加便會超過可以負荷的工作量為止。這期間，團隊所拿取的所有 Items，就叫 Sprint Commitment。甚至有些團隊還會訂出 Sprint Goal（衝刺目標），以求這段時間內整個團隊聚焦於某個 Items 上。

　　很多 PM 或主管聽到 Sprint Commitment 時都會眉開眼笑——終於可以逼著團隊吞下任務，且產品也可以準時完成啦！

但，真的是如此嗎？

常見的場景是所謂的 SM 在短衝檢視會議的時候，拿著一疊 Commit Items，指著大家鼻子問：「為什麼沒做完？您們不是已經承諾要做完了嗎？」

這樣的 Sprint Commitment 效果，可能跟山盟海誓是差不多的。在年少熱戀時彼此許下相愛到老的感情債，可能用上十輩子都還不完；但沒多少人會在分手後去質疑：「當初你口口聲聲說死後要葬在我家墓園，為什麼墓園還沒蓋好就變心了？」因為有智慧的人都知道：環境和心境都是會隨著時間改變的。

承諾只有在當下有用，之後隨時都會變卦。

同樣的，Sprint Commitment 也是在短衝規劃會議的當下，依照目前所知的訊息，做出有根據的猜測 (Educated Guess)。

在 Sprint 進行中，可能因為做不出來（能力局限）、需求不對（訊息錯誤）、網站被攻擊（外在環境改變）、工程師狀態不佳（人員變動）等種種原因，造成當初的猜測不符合現實。

所以 Sprint Commitment 達成與否，是用來「改善」的依據，而不是用來「指責」的工具！

PO 聽到這，可能會哭出來：「如果我有東西一定要上線怎麼辦？」

事情沒那麼悲觀。

敏捷開發的模式是確保價值高的功能先被產出，而誰決定價值高低呢？就是 PO 呀！所以價值高、時程緊的 Item 要往上面排，讓開發團隊一開始就從價值最高的產品開始進行，而不可以選自己最喜歡的開始做。

弄清楚事情的輕重緩急是 PO 必備的核心能力。對此，PO 可以善用「時間管理矩陣」來排出先後順序。

然而從另一面來看，永遠可以達成 Sprint Commitment 的開發團隊，就代表沒問題嗎？

這其實是意味著團隊在打安全牌——團隊不願意去挑戰自己的能力，而選擇待在舒適圈中。然而，打安全牌的團隊距離自組織是有段距離的。因此利用外部壓力強迫開發團隊吞下 Sprint Commitment，只會增強團隊打安全牌的行為。

所以，面對 Sprint Commitment 和 Sprint Goal 的心態，應該是：盡人事，聽天命。因上盡力，果上隨緣。當大家都盡了力向目標衝刺，就算沒達到目標，也會是個美好的記憶和學習的機會。

最重要的是，不管 Sprint Commitment 達成與否，團隊都要自問：

「這次發生了什麼？」

「我們已經盡力了嗎？」

「我們下次要怎麼改善？」

3-5　敏捷團隊的打造

您的團隊，是團還是隊？

我們常說「團隊」、「團隊」，但其實一群人在一起只是「團」，要有了共同目標才能稱得上是「隊」。

團體與團隊

團體模型
相同興趣

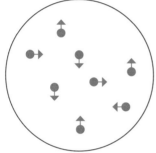

聚焦：
個人目標與責任

團隊模型

核心宗旨

聚焦：
人員互惠與責任

我們談了敏捷團隊中的角色、物件、活動以及精神，最後，我們來回顧一下本章重點。

敏捷開發是以團隊為運作的核心，其對團隊的組成有幾個要求：

1. 團隊需要有共同目標

如果團隊沒有共同的目標，那就只是一群人，不能稱之為團隊。比

如餐廳通常會分為內場（烹調）、外場（點餐、送餐）、櫃檯（訂位、接待、結帳），這三種團隊分別提供不同的產品或服務給顧客。內場團隊的共同目標是做出好吃、衛生的食物；外場團隊的共同目標則是提供良好的用餐環境；而櫃檯的共同目標便是減少顧客的等待時間。顧客來餐廳是為了完整的用餐體驗（訂位、接待、點餐、烹調、送餐、結帳），所以儘管這三個團隊各有各的職責，但這三個團隊的共同目標是提供顧客完美的用餐體驗。

2. 團隊可以自行交付端到端 (End to End) 的產品或服務

為了能更快地接收市場的變化狀況，團隊需要有足夠的自主權，以便能針對所提供的產品或服務進行改善。當然在現實中百分之百的端到端是有難度的，但這是敏捷所追求的終極目標。

比如：傳統軟體開發中分為前端團隊與後端團隊，不論哪個團隊，如果需要依靠另一個團隊才能完成產品——這就不符合敏捷團隊的要求。能夠獨立對客戶交付端到端產品或服務的團隊，在敏捷中稱之為特性團隊 (Feature Team)，反之則稱為組件團隊 (Component Team)。

接續上述餐廳的例子，端到端是指顧客的完整用餐體驗（訂位、接待、點餐、烹調、送餐、結帳），不管是內場、外場或是櫃檯都不算是特性團隊，只能稱為組件團隊。

但如果有一家餐廳，不以內場、外場、櫃檯職能區分團隊，而是以顧客用餐體驗來組成團隊（比如鐵板燒一個用餐區域有一個廚師搭配一個外場人員），那這個團隊就是特性團隊。

3. 跨功能的團隊成員

為了能更好地響應變化，並帶給顧客更好的體驗，敏捷團隊的成員必須可以互相支援。

延續餐廳的舉例，假設外場人員能在必要時協助烹調，或櫃檯人員能在必要時幫忙點餐，便可以提供給顧客更順暢的體驗。如果成員有各自負責的專責業務，無法或不能在需要時互相協助，那都不算是敏捷定義中的團隊。

4. 穩定的團隊組成

敏捷強調的是經由迭代、實驗、試錯中探尋更好的方法。然而這些學習與經驗比較難被記錄甚至文件化，以供未來的成員吸收；而傳統有標準作業流程的工作，是可以經由文件或教學補足的。因此在敏捷中，我們會希望團隊的成員保持相對穩定的時間，讓團隊成員的默契得以磨合。由此可知，傳統專案管理中的資源池 (Resource Pool) 在每個專案抽調替換不同的成員，在敏捷中是相當不建議的做法。

簡而言之，為了更好地應對變化和增加企業的可持續性，敏捷團隊的核心便是：

ⓐ 擁有共同的目標
ⓑ 自行交付端到端的產品或服務
ⓒ 跨功能的團隊成員
ⓓ 穩定的團隊組成

當然，在工具上也希望依照 Scrum 或看板的方式來運作。

不過，最後仍是要提醒，「敏捷轉型」是營養品不是仙丹。儘管敏

捷可以協助企業有效與低風險的轉型，但其中最大的困難是──領導者觀念的轉變。

領導者是否能接受失敗並從中學習？是否能接受效果重於效率？是否能接受讓員工有更大的空間與自主性？

當領導者願意接受上述這些思維，並配合敏捷中的工具和框架，就可以慢慢調整企業的體質，這不僅可以讓組織更加健康，擁有更高自主和高效能的團隊，且能提供更有價值的產品和服務給用戶。

敏捷夥伴迴響
陳超　Chen Chao

作為在鈦坦的一員，謝謝 Yves 導入敏捷，有幸親身參與了過去六年的敏捷轉型。Yves 的書寫深入淺出，雖然有大量的概念和工具，但是配合舉例和類比，很容易理解。我也想提出一些敏捷的看法作為補充：

Scrum 執行的核心是團隊，是由開發團隊、PO 和 SM 組成。我就從這幾個角色說起。

第一個是開發團隊。Scrum 的開發團隊要求是由 Cross-functional 的成員組成一個 Featureteam。這裡的 Cross-functional 並非是說每個人都要會所有的技能，而是團隊在比較小的人力配置下要有能力獨立完成產品的交付。（團隊的人力配置我的建議是 5 人為最好。）在台灣，這對招募而言頗具挑戰。因為大部分企業培訓出來的都是專才，且越資深可能越獲益於他的專才而

阻擋了學習其他技能的動力。這樣的人更適合做顧問，而不是敏捷開發團隊的一員。

第二個是 PO。PO 可以非常忙碌，要做傳統的 PM、要做 QA、要做客服。這是我看到很多轉型初期的 PO 都會用這樣的事情塞滿自己的時間，從而證明自己的價值。但是在敏捷裡面的 PO 其實只有一項逃不掉的職責：給產品故事排序。他的所有行為都應該為給產品故事排序服務，而其他的事情都應該交付於開發團隊。

第三個是 SM。這個角色 Yves 定義成「僕人式的領導者」。但是我觀察到大多 SM 都最後成了僕人，而不是領導者。兩者最大的差別在於：是否有自己的意志參與在團隊的建設與發展之中。通常 SM 重於和開發團隊的溝通，而忽略了他可以並應該照顧的其他幾個面向：PO、組織和技術實踐。所以從這個方面說，一個有過管理經驗的 DM 擔任 SM 在這方面通常是具有優勢的。

最後是 Scrum 團隊。雖然 Scrum 的框架大概學習 1、2 天就可以大致了解，但是真的要讓團隊能夠做到，每一個都是很有挑戰的。對於一個好 Scrum 團隊，就如 Bas 在他的 LeSS 書中說的，主要基於兩點：

1. 持續學習的能力
2. 尊重與信任

Chapter 4

團隊戰術
如何更加享受敏捷旅程

知行合一才是真敏捷

如果您世世代代都住在一個被大洋環繞的小島上的村落，靠著採集和捕魚為生，村子中最先進的科技是獨木舟，有一天，突然看到飛機飛過頭頂，您的心裡會怎麼想呢？

二次世界大戰時，美日兩國為了爭奪太平洋的制海權和制空權，紛紛在汪汪大洋中既偏遠又與世隔絕的島嶼駐軍。軍隊開到時，島上的村民眼看著海上的超級大箱子（軍艦）靠岸，大鳥（飛機）從頭頂飛嘯而過，還有神仙（士兵）從大箱子和大鳥走出來，下巴都掉到合不起來。

如果我在現場，一定覺得神仙降臨來處罰世人，世界末日要到了！幸好這群神仙不但沒有處罰世人，還賞了不少寶物給村民，如生病時吃了就痊癒的仙丹、會變出食物的盒子等等。當世界大戰打得如火如荼時，這卻是村民世代以來擁有過最好的日子，根本就是身在天堂啊！

可惜好景不常，幾年後世界大戰結束了，這些島嶼的戰略價值消失，軍隊慢慢撤出。村民眼看著神仙們走光，剩下來的寶物也越來越少，心中越來越著急，怎麼辦呢？這時就有聰明的村民說了：「一定是神仙覺得我們不虔誠。只要我們表現出敬意，神仙就會回來賞賜我們寶物的！」

數十年後，當人類學家到達這島嶼上，發現村民用樹木打造出飛機、刻出步槍、在身上畫記 USA，模仿著當時駐軍

做的事情，還在期待有一天神仙回來帶給他們寶物。人類學家把認為模仿表象（木頭飛機）就能帶來實質利益（藥品、食物）的行為稱作「貨物崇拜」。

聽起來很天真、感覺只會發生在荒島的貨物崇拜行為，其實經常發生在身邊的對話裡。

基本句型是：「『只要』做一個行為，『就會』得到您要的結果。」

企業組織內這種「萬用句型」還不少──

「要怎麼樣賺錢？」

「只要毛利抓 3%，我們就會比紅海更紅喔！」

「要怎麼樣創新？」

「只要讓每個人有 20% Time，我們就可以跟 Google 一樣金頭腦喔。」

「要怎麼樣讓大家表現更好？」

「只要有績效考核加上 KPI，我們就會比政府更有效率喔！」

「要怎麼樣更了解市場？」

「只要用 Big Data，我們就可以做出外星科技喔！」

「要怎麼樣更快做出產品？」

「只要跑敏捷和 Scrum，我們就會比 Facebook 更快喔！」

遇到這種句型，可以先檢視一下因果關係是否正確，如毛利 3% 是結果，還是原因？如果可以賺 4%，還堅持只賺 3% 嗎？

就算因果關係無誤，也可能會有過度簡化的問題。舉例來說，Google 的創新除了 20% Time 政策，背後原因還可能加上有辦公室設計、特地挑選有創意的人、升遷方式等等，將 Google 創新直接等同 20% Time，無疑是把複雜的動態系統關係簡化成線性關係。

回到敏捷的討論，相信跑過敏捷的團隊，或多或少也聽過類似的話。

「要怎麼樣做好產品？」

「只要我們用使用者故事 (User Story) 寫需求，顧客就會愛死我們的產品喔！」

「要怎麼樣進步？」

「只要我們每個禮拜都開自省會議 (Retrospective)，我們就會天天向上喔！」

我認為想跑敏捷又想跳脫貨物崇拜，最重要的是要「自我覺察」。

那麼，要怎麼覺察自己的團隊有沒有貨物崇拜作祟呢？

Stefan Wolpers 整理了一份敏捷貨物崇拜清單 (The Cargo Cult Agile Checklist)，經作者同意後翻譯成中文如下，一起來看看我們的飛機拜得有多虔誠吧——

敏捷貨物崇拜清單（簡稱拜飛機清單）

本清單假設組織使用 Scrum，但也適用於使用其他的敏捷方法的團隊。以下問題如果符合組織的情況，請回答「是」。（備註：組織越大，可能越不適用本清單。）

這是一個很有趣的活動，試著把清單列印出來，花個 5 分鐘讓團隊中的每個人作答，依照結果分析和評估一下目前的狀況。

1. 沒有溝通產品願景和策略
2. 產品藍圖和發布日期在一年前就由首席技術官 (CTO) 規劃好了
3. 組織內沒有人跟顧客對談
4. 首席技術官和利害關係人堅持所有的改動都要經由他們批准

5. 因為保密資安等理由，禁止使用實體的看板或告示

6. 利害關係人直接跟首席技術官對談，跳過產品負責人

7. 由利害關係人來決定交付產品增量，而不是產品負責人

8. 專案／產品只有在完成時才交付，而不是增量式的交付

9. 避免利害關係人直接跟開發團隊對談

10. 產品待辦清單是由一個產品委員會決定的

11. 就算對功能的價值有所懷疑，但還是硬著頭皮開發

12. 業務為了成交，答應客戶增加目前不存在的功能，而產品負責人並不知情

13. 就算是不重要的問題，也有固定的進度表和期限

14. 負責產品管理的角色沒有取得商業智能 (BI) 資訊的權限，沒有充足的資訊和數據幫助決定

15. 利害關係人使用需求文件來和產品與工程部門溝通

16. 產品負責人大部分的時間都花在撰寫和管理使用者故事 (User Stories) 上

17. 在短衝開始後不久，短衝待辦清單就變了

18. 專門成立一個開發團隊來修程式漏洞 (Bugs) 和處理小的需求

19. 利害關係人沒有參加過 Scrum 活動（例如短衝規劃會議和短衝檢
    視會議）
20. 主要是用「速率 (Velocity) 符合當初的承諾」來當作指標評估
    Scrum 是否成功
21. 開發人員沒有參與創造使用者故事
22. 同時處理的專案數量和工作會改變開發團隊的人數跟組成方式
23. 在每日站立會議中，團隊成員向 Scrum Master 報告
24. 定期舉行自省會議 (Retrospectives)，但沒有改變隨之發生
25. 開發團隊並不是跨功能 (Cross-functional)，而要靠其他團隊或部
    門才能完成工作

　　敏捷沒有任何一套引用後就可自動在組織裡運行順利的不變法則，
任何團隊都必須要找出屬於自己的敏捷方式，在此之前，嘗試用其他組
織曾經成功的方法，如果別人的方法對自己的團隊有用，那太好了，就
繼續用吧。如果沒用，再試試其他方法。更改甚至是取消標準的敏捷儀
式也是絕對沒問題的。如果您看到其他合適的實踐方式，就別遲疑了，
大膽依照組織的情況修改試用吧。「知行合一」才是真敏捷！

　　談了這麼多真假敏捷的辯證，到底該怎麼做才是真正的敏捷呢？坊
間有許多敏捷指南提供清楚的歷程，本書的前一個章節也詳細地介紹了
物件與活動，接下來，本章節將提供「做敏捷」的核心思考與關鍵方法。

4-2　敏捷不包生導入指南：
企業敏捷化前的準備

跑假的敏捷，不如跑真的瀑布

　　當我們願意成為一個「知行合一」的人或團隊後，我們就開始會有個疑問：「那具體而言，到底如何導入 Scrum ？」如果您已經做好了心理準備，以下是我經歷過的導入方法，提供給大家參考：

1. 找革命夥伴

　　所謂「孤掌難鳴」，一個人要推動改變，是件很累、很難的事情。因此，一定要找團隊裡有興趣的同事一起參加訓練和討論，並且最好能找到主管或老闆來襄贊活動，推動改革。畢竟有貴族參加，會大幅增加革命成功的機會。

　　那，如何說服主管呢？

　　引用既有的成功例子，激起主管的嚮往。如：「Google、Facebook 都是跑 Scrum 的成功案例，既然這些公司一向是業界的領頭羊，用他們成功的方法，我們一定學得起來⋯⋯」等等。

　　那如果實行後失敗了呢？

　　是啊，革命失敗，烈士可是要殺頭的，不過假如怕死的話，就當個順民或移民就好了。願意投身敏捷，不正是因為我們對組織的改革有著破釜沉舟的決心？那麼對革命夥伴來說，「失敗後擔得起責任」這個前提還是必要接受的。

2. 上課

什麼？

我們從小就在上課，現在出社會了還要繼續上課？

而且課程也太貴了吧？有沒有便宜一點的方法？

等等，有人仔細歸納整理他們的經驗，還壓縮在兩、三天內傳授，這樣還不便宜嗎？

沒有錢嗎？俗話說：「錢不是萬能，但沒錢萬萬不能。」沒有錢，就算有決心改善，我只能說：「不如直接放棄算了。」

未來的路還很長，如果連教育訓練的錢都不投資，公司的轉型路將會走得更加辛苦！

決定好要投資自己上課了嗎？

我自己上過而且建議的課程有 Teddy 的公開班，或是 Odd-e 在香港或上海的公開班。這部分推薦給敏捷的推動者和關鍵人物。能夠的話，上兩天以上的 Scrum 實作或敏捷認證的 Certified Scrum Master (CSM) 班更好，因為一天的課程深度只適合一般團隊成員入門，要作為推動者用來導入的訓練遠遠不夠。此外，如果還有預算，可以進一步考慮 PMI-ACP 的課，雖然對 Scrum 執行面幫助不大，但對敏捷開發的背景和主流觀點可以有更全面的認識。

3. 找合適專案

合適的專案需要的條件是客戶容易溝通。

時程 2-3 個月可看到結果，規模小到失敗或延遲可以接受，大到成功會受老闆重視。

首先，要知道：第一次就順利成功的機會是非常低的。但如果客戶滿意產出，就可以算是初步的勝利了。要執行的話，我會建議從全新的專案開始，這樣歷史的包袱會比較少。

再來，千萬不要跟客戶說要跑 Scrum，因為鮮少有客戶會在意產品公司的工作流呀！那麼怎樣讓客戶自然而然加入敏捷一起協作呢？改變一下說話的方式吧，可以用「客戶是最了解產品的，我們想與客戶多溝通學習」這類的說法。一般來說，讓客戶來排產品待辦清單優先順序、講解產品待辦事項的重要性和原因、針對產出給予回饋，這些舉動對於重視產品的客戶而言，他們都會很樂意的。

具有初步的成功範例和經驗，是之後要推動大幅變革的基礎。

4. 尋找適合的工具

協助企業達成以上三種特性的工具，除了 Scrum 和看板方法等敏捷方法外，還可以運用使用者地圖、最小可行性產品、價值流分析、超越預算模型、開放空間技術和全員參與制等方式。

以下我們將一一說明：

（1）使用者故事地圖 (User Story Mapping)

使用者故事地圖，可以幫助我們從使用者的觀點（而非生產者的觀點）來看我們需要提供什麼樣的產品，並在展開產品的全貌後，從中選擇關鍵功能來打造最小可行性產品。

（2）最小可行性產品 (Minimum Viable Product, MVP)

最小可行性產品指的是如何運用最小的投入來測試顧客的需求，其最主要的目標是用來降低風險。原因誠如先前提及，現今市場變動頻

繁，企業要快速推出產品測試市場的需求，依據市場反應調整產品，當發現產品符合市場需求後再投入資源改善。而不是先自我感覺良好地猜測市場需要什麼，接著花個兩年的時間做出來後卻發現沒有人買單。

（3）價值流分析 (Value Stream Analysis)

價值流分析是把製造或服務的流程視覺化，找出對顧客沒有提供價值的步驟和時間加以改善，減少流程浪費。這可以幫助我們減少浪費，把時間和資源投入在對顧客有價值的事情上。

（4）超越預算 (Beyond Budgeting)

超越預算是 1988 年在英國發起的研究計畫，研究可以取代傳統「命令與控制」的管理方式，主要運用於掌握市場脈動。

（5）開放空間技術 (Open Space Technology)

由支持者組成的超越預算圓桌會議 (BBRT) 成員有聯合利華、挪威國家石油、世界銀行 (World Bank, WB)、美聯銀行、T-Mobile、瑞銀 (UBS)、日本菸草等企業。他們提出了超越預算 12 條原則，還有相關的研究報告。

開放空間技術始於如何讓大型會議的參與者更加投入，而後逐漸演變成一種激發成員熱情和投入工作的管理方法。

擁有超過一億會員的遊戲開發商維爾福軟體公司 (Valve Software)，其組織架構就是開放空間技術的精神，成員自行找想做的產品並組成團隊，這便是善用開發空間技術激發員工熱情。

（6）全員參與制 (Sociocracy)

全員參與制是設計一套治理工具，使團體有機會在自然系統的啟發下以分權方式自我管理。其強調在決策過程中能一邊實現團隊使命，一邊確保聽見所有團隊成員的意見。它提供了架構上的創新，讓跨階層的溝通更順暢、資訊流動更透明、授權給最接近顧客的團隊快速反應變化。

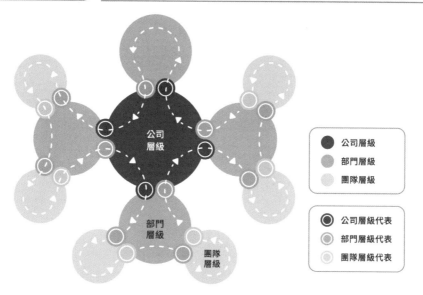

全員參與制 是一套治理工具，使團體在自然系統的發展下以分權的方式自我管理。

圖片出處：https://titansoft.com/tw/agile_toolkits/sociocracy

《無主管公司》一書中的合弄制，就是基於全員參與制所延伸出來的架構。

但全員參與制比起合弄制更有彈性，也更適合企業實驗性的導入，建構全員參與制，可以讓組織順利運作。

組織要導入敏捷絕不是件容易的事，除了最常見的 Scrum 和看板方法，以上六種很實用的工具箱若能善用，達成企業敏捷化相信絕不是件難事。

也許您會說：「我找不到革命夥伴，沒錢上課，專案都不適合，也不會使用這些工具，但我真的很想跑 Scrum，怎麼辦？」

對此，我強烈懷疑您對 Scrum 懷有不切實際的幻想。

「得不到的總是最美」是正常心理，不過「明知很美卻希望不努力就能得到」就實在窒礙難行了。如果以上條件都無法滿足卻想要成功跑敏捷，未免太不切實際了。

但，也別那麼快就灰心，畢竟 Scrum 只是敏捷的方法之一，很多 Scrum 技巧都可以先拿來使用。比如說 Daily Stand-up、Product Backlog、Time Box Meeting 等等，這些對於改善團隊效能都有一定的幫助。

　　如果您確定自己對於導入 Scrum 這件事，已有清楚且正確的認知，但是對於尋找革命的夥伴、投資自我的課程、挑選合適的專案這三方面都有困難的話，我想提醒您一件事：「Scrum 最多只能算是營養食品，有沒有用，還是要靠自己的身體狀況而定。」

4-3 也許你需要的是多一點瀑布：敏捷八不

企業文化會把營運策略當早餐吃掉。

——彼得・杜拉克

1. 敏捷不是消滅主管，而是要主管做好主管該做的事
2. 敏捷不是十項全能，而是當團隊需要的時候願意出手
3. 敏捷不是顧客第一，而是緊緊抓住市場變化的脈動
4. 敏捷不是一切透明，而是容易取得幫助工作的資訊
5. 敏捷不是共識決，而是蒐集意見後做出高品質的決定
6. 敏捷不是反官僚，而是由做事的人設計流程解決問題
7. 敏捷不是花大錢教育訓練，而是在工作中反思和成長
8. 敏捷不是心靈成長夏令營，而是學習面對殘酷的現實

回顧鈦坦的敏捷轉型史，如果可以重來，我們也許會改變一些做

法，讓導入更為順暢。而「敏捷八不」就是我在這一些回顧中得到的想法，也是我對導入敏捷前的核心思考，接下來一一細說：

1. 敏捷不是消滅主管，而是要主管做好主管該做的事

鈦坦科技導入敏捷初期，我們就把團隊的管理職──組長 (Team Leader) 取消了，現在回想起來，要深深感謝當時擔任組長的夥伴給予理解和支持，讓我們順利走過轉型的過渡期。但現在的我不由得要說，這確實是一招險棋，在大部分組織中，像這樣雷厲風行的手段，也許會遭遇到很大的阻力和難以承擔的後果。

如果一切可以重來，我們也許不會取消全部的組長職務，而是讓所有組員都有輪流擔任組長的機會，讓擔任組長的人做回主管該做的事情。有了組長的領導經驗，成員就能夠更理解公司的營運情況，這也是訓練部門級主管接班的機會。

然而我們會接著問：「什麼是主管該做的事？」

對齊公司目標和價值觀、發掘人才、爭取資源、幫助團隊內部和跨團隊溝通、協助團隊成員成長、針對組織系統性的問題做出高品質的決策，這些才是主管該做的事。

2. 敏捷不是十項全能，而是當團隊需要的時候願意出手

在剛開始導入敏捷的時候，我們希望團隊中的成員都可以是全端工程師──前端、後端、測試都包的工程師──所以我們取消了前端工程師、後端工程師、測試工程師等職稱，一律改稱為產品開發師 (Product Developer)。此舉的好處當然是打破了職務的藩籬，但也造成大家認為每個人樣樣都要會、事事都要精的誤解，進而讓人產生許多壓力。

如果一切可以重來，我們還是會取消個別的職稱，但會把焦點放在貢獻自己的專長、學習別人的專長上，並且強調在團隊成員需要時主動幫忙這些事項，而不是讓大家以為公司的所有技能都要學。

畢竟，我們需要的是團隊整體的技能可以端到端，而不是每個人的技能都端到端。

3. 敏捷不是顧客第一，而是緊緊抓住市場變化的脈動

〈敏捷宣言〉第三條：「與客戶合作重於合約協商」，強調與客戶協作的重要性，而我們做的是企業對企業的生意，所以往往客戶說什麼我們就做什麼。然而，我們卻忘記了：跟客戶協作只是手段，目的是為了幫助生產出來的產品更貼近市場需求、更有價值、銷售可以更好。

而如果一切可以重來，我們會更關注在交付需求後產生的價值，並且和客戶討論復盤每個需求的成效，甚至走到市場去面對真實的消費者，而不是只接收客戶轉來的二手資訊。顧客不是第一，賺錢活下去才是。

4. 敏捷不是一切透明，而是容易取得幫助工作的資訊

在推行透明化的部分，我們做了薪資透明化的嘗試，80% 工程師的薪資都是公開的，當然實踐上有很多細節，如基層中層公開、同一職級同一薪資、獎金不公開等等。然而整體帶來的影響似乎沒有太大的幫助，僅僅節省了眾人煩惱薪資和私底下八卦的時間。

如果一切可以重來，我們會更注重「資訊的整合」，而不只是單純的公開資訊。每個人的時間有限，資訊量太多的結果就是資訊過載，不知道什麼才是重點。這也是我認為主管必須做的工作之一，即幫助團隊處理資訊的過濾、整理和翻譯。

因為透明公開是為了讓工作更有效的手段，不是目的。

5. 敏捷不是共識決，而是蒐集意見後做出高品質的決定

　　Zappos 或 Morning Star 這些被認可為高度敏捷與開放的公司，在團隊和部門還是有在營運上決策的角色。而敏捷式組織的制度如合弄制 (Holacracy) 和全員參與制 (Sociocracy) 中，每個團隊也都有一位角色專職做營運面的決策，在合弄制稱為領導鏈 (Lead Link)，在全員參與制中則稱為營運領導 (Operational Lead)。

　　我們在導入敏捷後取消組長這個職稱，並且立即跟團隊說：「現在開始您們就自組織，自己做決定。」想當然爾，結果慘不忍睹。團隊成員不是花了過多時間討論而沒有共識，就是沒有人帶頭做決定，出事了便推託：「這是團隊決定的！」種種的情況發生。

　　如果一切可以重來，我們會先跟團隊介紹認可決 (Consent) 的概念，也就是詢問是否有反對的意見，讓反對意見來完善提案，直到對於眼前決議沒有重大反對意見時就先實行，過一陣子再來回顧結果。認可決與共識決最大的差異，在於共識決是全部都支持，認可決是沒有反對。在行事的制度上，我們分成治理和營運，治理面（如制訂遊戲規則）的事情就使用認可決；營運面（如按照規則玩遊戲）的決策則是由主管（或是組長、領導鏈、營運領導等）參考大家意見後拍板決定。但切記絕對、絕對不要使用共識決——畢竟不是每個人對工作都有相同的投入和風險承受度。

　　因此，跟組織的命運越高度相關的人，決策權力應該越大。如果團隊中沒辦法使用認可決，那就恢復傳統的方式——由主管決定吧。

6. 敏捷不是反官僚，而是由做事的人設計流程解決問題

我接觸敏捷後，原本想像的是一個「扁平而無層級的烏托邦世界」，但回到現實面，當組織人數增多，為了整體營運的有效性，需要有抽象的層級出現來整合與調度資源。此外，越接近顧客的層級，所處理的事務越具體；而越遠離顧客的層級，所處理的事務便越抽象。

如果一切可以重來，我們的重點不會放在如何消滅官僚科層(Bureaucracy) 系統，而是放在如何讓科層系統更有效運作、如何讓資源更有效整合、如何讓資訊可以更暢通、如何讓第一線的人有更大的權限以提供服務給顧客等。

總之，官僚系統沒有錯，官僚心態才是真正的問題。

7. 敏捷不是花大錢教育訓練，而是在工作中反思和成長

我認為敏捷轉型的最終目的，就是為了變成學習型組織。

為此，公司也花了很多資源和時間讓夥伴上課及參加教育訓練，甚至產生了過度學習的症狀：上很多課、看很多書、聽很多分享，但完全來不及消化和吸收。

如果一切可以重來，我們會更注重在如何解決工作上的問題、日常工作上的學習和成長，而不是只關注提供教育訓練的機會。

能為組織帶來改變才算真的學習，否則無異於自欺欺人。

8. 敏捷不是心靈成長夏令營，而是學習面對殘酷的現實

在我們導入敏捷後，發現敏捷非常需要有效的溝通，因此我也主動參與一系列的溝通課程，包含焦點討論法 ORID、人格特質分析 DISC、教練、引導、薩提爾等。其中 DISC 和 ORID 的課程隨後便引入鈦坦公司，並成為每年固定開放的基礎內訓課程。

當然，這些都對我個人的成長有很大的幫助。然而從成本效益來

看，除了基礎的溝通課程，老實說，我沒有特別感受到趨近心靈層面的課程對組織帶來的收益。更糟糕的是，這樣的課程往往會讓大家有一種「您得重視我的感受」的期待。

但這些溝通和心靈課程是用來要求自己，不該是拿來要求別人的呀！

如果一切可以重來，我們將會更著重在如何面對衝突，甚至製造健康的衝突，以建立就事論事的文化。

當然，我的意思並非鼓勵大家「不要重視別人感受」，而是在工作上討論事情、看數據，本來就是現實。表達方法當然可以調整得更加溫柔細膩，但現實並不會因為我們感受不好就不存在。

以上，是從我自身心酸血淚的經驗中體悟的「敏捷八不」。

要導入敏捷的朋友不妨將這「敏捷八不」當作轉型的核心思考，可以在轉型的過程中收穫事半功倍之效。

4-4 再對準一點：關於校準這回事

校準意圖 (Why)，開放做法 (How)

員工報到前與老闆的對話……

老闆：萬分歡迎，沒有你，我們的公司肯定大不一樣！

職員：如果工作太累，搞不好我會辭職的。

老闆：放心，我不會讓這樣的事情發生的！

職員：我雙休日可以休息嗎？

老闆：當然了！這是底線！

職員：平時會天天加班到凌晨嗎？

老闆：不可能，誰告訴你的？

職員：有餐費補貼嗎？

老闆：還用說嗎？絕對比同行都高！

職員：有沒有工作猝死的風險？

老闆：不會！你怎麼會有這種念頭？

職員：公司會定期組織旅遊嗎？

老闆：這是我們的明文規定！

職員：那我需要準時上班嗎？

老闆：不，看情況吧！

職員：工資呢？會準時發嗎？

老闆：一向如此！

職員：事情全是新員工做嗎？

老闆：怎麼可能，你上頭還有很多資深同事！

職員：如果領導職位有空缺，我可以參與競爭嗎？

老闆：毫無疑問，這是我們公司賴以生存的機制！

職員：你不會是在騙我吧？

如果你報到後，請一句一句從下面往上看。

口不由心，言行不一，我覺得對組織和成員都是很大的傷害，因為那會讓事情變成由潛規則在運作。新進的人會無所適從，因為牆上的標語和實際期待的不同。我認為與其說些言不由衷的話，不如就把我們的期待直接說出來，比如「我們就是唯利是圖」，或是「我們就是工作第一」，不管普羅大眾怎麼看，只要有合適的待遇，總是會有個人期待跟公司目標差不多的人願意加入。但如果心口不一，招募進來後的磨合是很痛苦的。

計畫永遠趕不上變化，有時難免事與願違，此時我們就需要回頭看一下〈敏捷宣言〉的最後一條：「回應變化重於遵循計劃」(Responding to change over following a plan)。

因此，這邊我們要細說如何應對轉型過程中理想與現實的落差，也就是說，我們需要細談「校準」這回事。

「校準」(Alignment) 這個概念，最早出自於《不服從的領導學：不聽話的員工，反而有機會成為將才》（以下將以《不服從的領導學》簡稱之）一書，其中提到組織其實有很多政策暗合敏捷精神，而其中，「校準」是影響我最大的一個管理概念。

敏捷開發中強調做「有價值」的事，「有效」重要過於「效率」(Effectiveness over Efficiency)。對此，我認為價值本來就是主觀的東西，沒有對錯，因此「校準」會比「價值」更重要。

組織的方向是節約成本還是研發創新為主？是創意開放或是流程至上？不一樣的目標，具體的做法就會不同。如果每個部門往公司的方向對準，每個團隊往部門方面對準，每個成員往團隊方向對準，整體而言就會幾近於無懈可擊。

阻力無所不在

在組織中，其實很多政策都是為了校準——確保下級單位有把上級的目標放在心裡。比如 KPI 就是用胡蘿蔔與棒子的思維來校準。

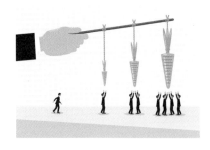

但為什麼過往歲月我們花了許多心力在校準，結果往往跟我們想的不一樣呢？《不服從的領導學》中，舉用戰爭迷霧的例子解釋這個情況：戰爭中敵人動向不明、與自己人的聯繫也不穩定、團隊中還有絕對少不了的豬隊友，這些種種因素都是「阻力」。而這些阻力會造成落差，妨礙我們達成目標。

所以我們需要做的是：減少阻力。減少阻力，就可以減少落差。《不服從的領導學》一書中，把執行的過程分為三個部分：計畫 (Plans)、行動 (Actions)、結果 (Outcomes)。而三種落差就介於這三個部分之間。雖然此處主題是「校準」，但另外兩者的落差不難理解，我就一併介紹吧。

校準落差：計畫和行動的差異
——我們想要大家做的事 VS. 實際上大家做的事

一般人減少校準落差的方式，就是把指令 (Instructions) 說得更清楚，讓下屬一步步照做。

作用落差：行動和結果的差異
——我們預期行動的作用 VS. 實際上行動的作用

減少作用落差的第一反應，就是更仔細地去控制下屬作業的過程，也就是俗話說的微管理 (Micro-management)。

知識落差：結果和計畫的差異

──我們想要知道的 **VS.** 實際上我們知道的

減少知識落差（結果和計畫之間的差異）的一般做法，是想辦法得到更多資訊再來做決定。

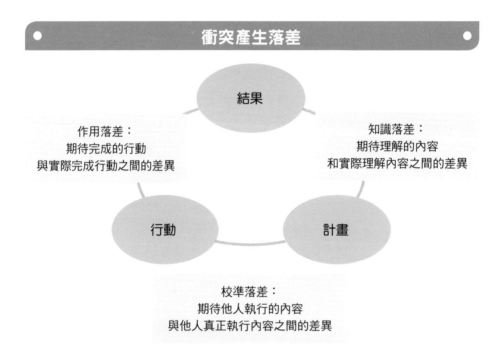

衝突產生落差

結果

作用落差：
期待完成的行動
與實際完成行動之間的差異

知識落差：
期待理解的內容
和實際理解內容之間的差異

行動

計畫

校準落差：
期待他人執行的內容
與他人真正執行內容之間的差異

敏捷不是一切透明，而是容易取得幫助工作的資訊

十九世紀，德國名將老毛奇在進入總參謀部後，徹底將德國的軍事思想、後勤、教育、武器做了一番改革，他讓普魯士有足夠的軍事底氣統一德意志，還打趴了當時的強國法國和奧地利。

老毛奇最大的影響是改變了戰爭的面貌──從以前靠個別將領打仗的思維，變成靠整個系統來打仗。

《不服從的領導學》的作者參考了老毛奇的文章和策略後，總結出在戰爭中有效縮小落差的方法，我認為這些方法對企業營運也有幫助。

用簡報和反向簡報來減少校準落差

首先,老毛奇減少校準落差的做法是反直覺的——並非擬出詳細的計畫後要求下屬照著計畫走。要減少校準落差,反而是上級只要說明自己的意圖 (Intent),讓下屬單位自己想應該如何去執行。

在企業營運方面,具體的做法是運用簡報 (Brief) 和反向簡報 (Backbrief)。

簡報是用來在往下交辦事項時清楚說明意圖,明確表達「想要達成什麼和為什麼」(What and Why),然後說明上層或兩層單位的意圖,讓下屬了解脈絡後,再加上限制或範圍。

而反向簡報則是由下屬來做,內容是「打算如何 (How) 達成上層的意圖」。

可以藉由簡報和反向簡報這樣的方式,來看看上下雙方的意圖有沒有校準。

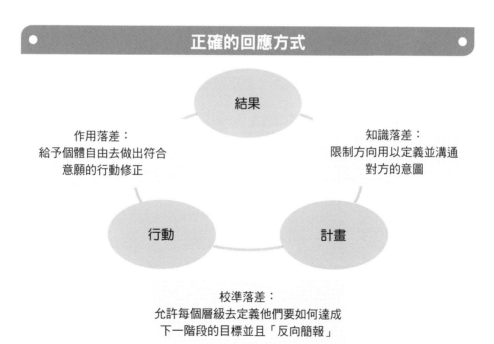

正確的回應方式

結果

作用落差:
給予個體自由去做出符合
意願的行動修正

知識落差:
限制方向用以定義並溝通
對方的意圖

行動　　計畫

校準落差:
允許每個層級去定義他們要如何達成
下一階段的目標並且「反向簡報」

讓下屬有現場決定權來減少作用落差

這讓我想到的是 Scrum 中產品負責人與團隊間合作的關係。

產品負責人說明意圖，團隊提出做法，而短衝規劃會議和短衝檢視會議都是讓雙方意圖進一步得到校準的機會。此外，引導也是重要的一環，讓下級單位敢於反應他們取得的資訊和想法，上級才可以依照現況調整計畫和意圖。

為了減少作用落差，老毛奇認為：「應該讓每個層級都擁有在授權範圍內自我判斷的能力。」因為戰場瞬息萬變，讓最接近戰場的人依照上層意圖，然後因應現場情境來做判斷最合適。如果凡事都要彙報，等上級裁示再反應，可能在準備匯報前，軍隊已經先被敵人打垮了。我覺得這便是呼應 Scrum 中對團隊自我管理的要求。

這點說起來簡單，但具體做法最困難，因為這需要的是平時的練習和實實在在的授權，不過，敏捷團隊或許可以經由反思會議來提升團隊的決策能力。

不過度計畫來減少知識落差

老毛奇在減少知識落差方面，並不是去蒐集更多細節，而是按照可以得知的訊息來做規劃。

因為在德國軍隊裡，大家都知道：計畫只會存活到第一次與敵人接觸時，所以不需要花太多無謂的心力在準備計畫，而是要處於隨時可以調整計畫的情況中。

在敏捷開發中，許多的做法都符合「不過度計畫」這個原則。比如不過度設計 (Over-design)、用迭代 (Iteration) 來演化做法、產品精煉會議中的事項 (Item) 排序由清楚到模糊等。

雖然我們無法保證轉型的歷程一定順利，而且導入敏捷的過程中一定會遇到重重阻力，但當我們擁有「校準」這個概念時，就可以把損失

減到最小，因為校準能幫我們減少落差。因此，學習校準也可以算是敏捷的表現之一。

計畫本身不值錢，制訂計畫卻很重要

前蘇聯最有名的就是計畫經濟，由國家來調查人們需要什麼，再決定工廠要生產什麼，接下來就是按照計畫精準執行。有次蘇聯舉行國慶遊行，沿著大街開來了炮兵、機械化步兵、坦克、火箭炮、戰術導彈、戰略核導彈，破壞力一個比一個大──隊列末尾卻是兩個帶著公文包的矮子。

在看台上，布里茲涅夫驚訝地說：「這兩個人破壞力比核導彈還大！他們是什麼人？」

特務頭子說：「不是我的人。」

國防部長說：「沒見過他們。」

蘇聯總理說：「他們是國家計畫委員會的。」

最後蘇聯垮台的原因，很大的因素也是因為計畫經濟所引起的，這種號稱指令型的經濟體制，對生產、資源分配以及產品消費等事先進行精細的計畫，然而最後卻造成國民連雞蛋、麵包等日常用品都買不到。

敏捷不做計畫經濟這種長遠精細的規劃，在敏捷中強調的是長程的願景和方向，只要一個粗略的計畫，隨著時間的推進再把計畫逐步細緻化即可，因為過程中隨時可能遇到改變，也可能蒐集到更多有助於規劃

的資訊。這也是為什麼艾森豪將軍曾說：「計畫書本身不值錢，但制訂計畫卻很重要！」(Plans are nothing, planning is everything!)

有次在玩敏捷與看板教練 Taco 桑（章禮慶）的敏捷積木遊戲 (Scrum Lego Game) 時，當中需要預估所有需求 (Story) 的規模大小，利用 T-shirt Size 方法將需求卡片一一歸類到 XL、L、M、S 尺寸。

Taco 桑
臉書專頁

其中有一個需求是要蓋市長紀念碑，團隊估算後把它放到 S，但最後完成它卻花了我們一整個短衝的時間，比其他 XL 的需求所花的時間還多。

其他需求預估的大小在實際運行後，也與真正實作的時間相差很多。

後來短衝自省會議裡有夥伴說：「那是因為我們沒有玩積木的經驗，所以才會估計得不準。」

我很好奇地問：「大家在現實工作中，都估計得很準嗎？」

有夥伴回：「如果估不準，怎麼報價給客戶？」

我回答：「接專案怎麼估計我不太清楚，我們是跑論件計酬的工料合約 (Time & Material)，所以沒有按專案報價的問題。」

現在回想，如果是接專案的公司，說不定可以靠維持穩定的團隊成員，加上接的都是一樣技術和商業領域的案子，用經驗法則或許能做出變異性很低的估計。

面對估計就是不準的現實

在 91Joey 和 Taco 桑的課程裡，同時都提到過估計不可能準確的概念，也提到重點是當我們認知到現實和計畫中的落差時，要做些什麼。敏捷開發中的估算，主要目的是凸顯出團隊成員之間對需求的理解不同，然後藉由溝通更加理解需求，絕對不是為了追求準確。

一個團隊一定會有資深或是影響力特別高的成員，而其他成員常會與他們迴避衝突，保留自己的想法。為了增進溝通，讓每個人都可以表達出自己的想法，敏捷中很多用來估算的工具，都有著避免少數成員主導的特性，或讓只有實作的人員才能估計。

黑手阿一的實戰報告

一般最熟知的方法是計劃撲克 (Planning Poker)，在 這 邊 Teddy 很清楚地說明如何使用計劃撲克估計。而在 Agile 中預估需求的原則可以參考我的〈神啊請讓我估得準一點吧〉這篇文章。

計劃撲克的優點是可以針對個別 Story 詳細討論，很適合在 Story 數量不多時使用。

但當一個新的專案開始時，Story 數量通常會超過十個，甚至上百個。這時候如果用計劃撲克來估計就會顯得曠日費時，此時可以用靜音排序 (Mute Mapping)，就會既快速又能夠建立共識。

在沉默中完成估計

有興趣的讀者建議可以先上網看看靜音排序的實作情況影片，會更容易了解，其大致的流程是這樣的：

1. 簡單說明需求內容——如果大家都不了解需求，由了解需求的人大略解釋還是必須的

建議設定固定時間段 (Timebox)，每個需求簡單說明 1-2 分鐘，包含彼此問答澄清時間，問答時間只可以釐清需求，不做價值判斷或可行性討論。當需求的優先順序都還不知道時，不需要浪費時間多討論，因為後續或許根本不會進行。

2. 開始靜音排序——將寫有需求的卡片隨意散在桌上，由大家依自己的想法自行決定排序，放在他認為該在的地方，不可以說話或溝通

　　原本做法是由大家自行拿取，但在害羞的團隊裡，可以要求從最資淺的成員開始，每個人都先移動一個 Story（先只能一個，要不然會有控制慾很強的人霸占）。不管如何都要動，就算閉上眼睛放都好。大約兩輪後，大家就會敢於按照自己的想法去移動了。此時產品負責人或主管若可以控制自己待在原地、不動聲色的話，效果尤佳。

　　至於這個階段要不要限定時間可以視情況而定，我個人是傾向不設限，因為大家是沒辦法撐很久不說話的，所以都結束得很快。那麼，如果有兩個人不同意，一直互相更改對方的決定怎麼辦？我的經驗是——很快就會有人放棄。

　　依照情況，可以把規則稍做修改。

　　比如說，移動時可以自言自語述說改動的原因，但不可以交談，或者先靜音 10 分鐘再開放討論，也或者討論後切回靜音，甚至來回個幾次等等。

　　要用哪一種方法，端看團隊對需求的了解程度以及彼此共識建立的狀況。

3. 增加／修改 Story

　　排序後可以開放討論，討論後說不定會有需求是需要增加或修改的，這時就回到第一步，對有疑義的需求進行簡單的說明再改動。

　　當然，也可以跳過這一步。

4. 結束收工

　　最後穩定下來的排序就是大家的共識，卡片寫上估計的大小後收起來，有人不同意也沒關係，可以等到真的要開工前再慢慢吵。

　　或是放著讓產品負責人來排出優先順序，甚至直接開始做使用者故事對照 (Story Mapping)。

不只估計，還有更多

我很喜歡靜音排序的原因
是，這工具不只在做估算時好
用，很多場合和角色都可以應
用。比如以下這些時機：

1. 開自省會議時

請團隊成員各自寫下覺得這短衝階段中「好／待加強」的事情在便
利貼，寫完後貼在牆上。用靜音排序，越上面越重要／需要改善。然後
最上面的一個或三個當作改善目標，或是用二分法（Yes 同意／ No 不
同意）、三分法（Yes 同意／ No 不同意／？不確定）等等進行分類。

2. 產品負責人做產品待辦清單排序時

請利害關係人 (Stakeholder) 參加會議，用靜音排序法排出他們認
為的優先順序。值得注意的是，既然叫做優先順序，就要讓每個需求按
照 1、2、3、4、5……一路排下來，強迫排出順序。如果允許兩個等級
的「3」出現，一百個等級「1」的 Story 就會隨之而來，失去原初的目
的。此外，完成後記得謝謝大家的建議，再加上一句：「產品負責人會
依實際情況再調整。」（別忘了，產品搞砸是誰的責任！）

所有大小事

只要是需要建立共識、確保大家理解程度差不多的事情，靜音排序
（或其變形版）都是很有效的工具。

只要用很短的時間，不但每個人都可以參與，又最小化表達自己意
見的阻礙。小到要訂哪些零食、中午吃什麼，大到整體公司價值觀的凝
聚，都可以這麼做。

題外話，有次聽到計劃撲克的發明人 James Greening 的演講，

他提到雖然他發明計劃撲克，但現在他都宣導不要用計劃撲克，而是直接放在桌上按照數字（如：1、2、3、5、8、13……）排下去就好了，邊放邊討論，節省時間。

　　他的想法是，如果估算一定不準，那為什麼不少花點時間在估算，多花點時間做其他有意義的事情呢？不過這還是要看團隊屬性和討論的事項而定，有時用計劃撲克幫助溝通仍有其效用。

4-6 五育中消失的群育：高效會議的方法

會議開得好，團隊沒煩惱

我想，所有主管都會遇到一個共同的問題：「團隊決定的和我想要的不一樣怎麼辦？」

國中編班時我就讀的是俗稱的「人情班」，意即班上同學的父母大多有「人情關係」，班上的人大概有一半是醫生或學校老師的小孩。

這個班級原本的用意是——要好好栽培這群學生考上明星高中，當然，當時的導師也是明星導師，一時之選，且曾有過人情班的最高升學記錄是——一個 50 多人的班級裡有一半的人上建中。

但這位明星導師帶到我們班卻受到無比挫折，因為我們創下了他人生中的最低升學記錄。

我們班第一次闖出名號，是訓導主任去學校旁邊的電動玩具店抓人，逮回的 15 個人中，有 11 個是我們班上的人——當然也包括我。這件事讓我們班導氣到臉沒地方擺，我們回到班上除了被一頓狠打之外，一群人還跪著上了整個禮拜的課。

國二上學期開學，首要的事情便是要選幹部。當時我們班一起密謀：選最頑皮、成績最差的人當班長，想藉此搞制度內的革命，把整個幹部群翻轉一下。可惜最後一刻，班導洞察我們的詭計，將原本不記名的紙本投票變成舉手表決。就在老師一番曉以大義的威脅下，原本打算掀起革命的幹部一一中箭落馬。

這是我第一次體認到：原來改變程序可以改變結果。

從小，班表上寫著的週會時間，大多都被拿去上數學課，不然就是自修。

關於開會這件事，我印象中就只是：由主席主導，大家評論一陣，然後投票表決，結束。所以小時候對於週會的記憶，除了主席和會議記錄之外，只剩下幾個虛無縹緲的名詞，如：少數服從多數、臨時動議、附議等等。

最近看了「羅輯思維」這個頻道中一支名為〈開會是個技術活〉的影片之後，我便買了寇延丁、袁天鵬的《可操作的民主：羅伯特議事規則下鄉全紀錄》這本書，書中的內容大致是介紹如何將英、美發展了幾百年的開會規則導入自治組織。

這本書除了顛覆我對開會的認知，還有以下幾點讓我特別震撼：

1. 主席只管程序，不管議題

要讓正反雙方都表達意見，讓眾人的想法衝撞、整合。

讓大家想法交流後，提出表決。

主席要保持中立，不可以透露對動議的偏好，表決時也要最後表態。

如果要對某議題發言，要把主席職務暫時交給別人代理。

2. 所有議題都要是動議 (Motion)

動議這詞很有趣，就是要從現狀做改變。也就是具體的行動方案，要包含目標和人事時地物。

不完善沒關係，提出來後讓大家一起使它完善。

如果不是動議就不討論，當然也就不會通過。

大家可以思考：「讓台灣更好」，這是動議嗎？

3. 不要質疑提案動機 (Intention)

人都會有利己的動機，只需要討論這議案對組織整體的好壞是什麼，不要浪費時間質疑動機或意圖。

4. 要有人附議 (Second) 才會討論此動議

附議不代表贊成，只是表示願意討論這個動議。

沒人附議自然也就不會通過。

5. 限制每個人同議題的發言次數和時間

一般是每人限制發言兩次，每次 2 分鐘。

時間可以依照團隊成員的想法來決定要不要修改。

6. 發言時要先表態

表態可以是：支持動議、反對動議，或是修改動議。

先提出讓大家知道立場，免得說了一堆，時間到了還不知道要表達什麼。

重點是要說支持或反對議案，不是支持或反對誰，對事不對人。

7. 贊成票多過反對票才能通過

不談少數服從多數，是支持本次議案的人多過反對的人就通過。

至於票數相同呢？既然沒比較多，因此也是算不通過，所以參加會議人數不用強求奇數。

8. 棄權代表兩個都可以

用棄權來表示「不同意」或「抗議」是錯誤的做法。因為棄權代表的是──我覺得贊不贊成都一樣。

舉個極端的例子，如 10 個人開會，1 個人贊成，沒人反對，9 個

人棄權，還是算議案通過。因為議案通過的條件只需贊成票多過反對票。

　　以上，是我從書中擷取出來的幾個開會要點，而我覺得這套方法在自治團體，例如社團、議會等等，可以發展得很好，因為這類團體的特性本就都是自發性聚集，純粹靠相近的觀念結合在一起，成員不分大小，會議本身的目的就是要取得最大的共識，讓大家心甘情願去執行。有了這種開會模式能推動共識更快產生。

　　但若要在公司或企業之類的組織裡實踐，應該要做一些修改，畢竟公司裡面的責任義務並不是人人等值。

　　一般公司裡的會議，如果增加以下規則，會更符合組織特性：

主管保留否決權

否決權應該要謹慎且只在關鍵議題上使用。

給主管或資深同仁較多票數

負起較大責任者應該要有多一點的影響力，例如主管算兩票；但如果給太多票就失去凝聚大家智慧和共識的意義了。

　　如同袁天鵬在書裡曾提及的：「組織化（成立公司、社團）的代價是，您把一個人拉進來，儘管一開始時是您主導把人拉進來的，進來之後，就要接受他們跟您的不一樣，就要接受這組織不是您一個人說了算，您的理想就要跟別人妥協！」

提升與會人員參與度的技巧

　　談完從書中汲取到的開會想法後，我想談談敏捷組織中的開會方式。在敏捷組織中，參與式決策被大量使用，因為現在的環境變動太快，有了成員的買單和真心認同，執行時決策的意圖才能被真正落實。

參與式決策的重點，在於讓大家覺得自己的觀點和想法都有被聽到，所以流程的設計是一門學問。

　　我的經驗中，流程中使用下列幾個技巧可以有助於提升與會人員的參與度：

1. 由最資淺的成員開始發表看法，最終決策者或最大主管最後發言，避免錨定效應 (Anchoring Effect)。

2. 把主管和會議主持人的角色分開，避免球員兼裁判。如同在《無主管公司》裡提到合弄制 (Holacracy) 的設計，除了 Lead Link、Rep Link，還有 Facilitator 的角色。在 Scrum 中 Scrum Master 的設計也是為了幫助引導會議進行。

3. 凡事都要先說好，就像玩遊戲一樣，我們都會先訂好規則再玩遊戲。而應用到會議上，規則和範圍先說清楚，預算、時程、限制條件，甚至主管保留否決權也沒關係，重點是要先說好。

4. 多使用全員參與制 (Sociocracy) 中的認可決，投票表決通常不是最佳解。比起投票表決，使用認可決提問：「有沒有反對意見或擔心的地方？」如此一來，可以利用反對意見以消除盲點，精煉出更好決策。

5. 認可決不是多數決，也不是共識決。認可決的流程是讓大家的聲音和想法都被聽到，一起找出「不滿意但可接受」的目標，一同參與向目標推進，定期檢視和調整做法。簡單來說，它是經由討論、傾聽、同理而找出最大公約數的做法，與直接投票的多數決相比，較沒有那麼暴力；此外，認可決也不是大家都要同意的共識決。

6. 可以用認可決來產生做決策的人。比如我們懶得決定中午要吃什麼，那就可以使用認可決來決定一個人，讓他每天中午直接決定要吃什麼，然後約定好過 1 個月後來檢討。過了 1 個月以後如果大家都還可以接受他訂的菜色，他就繼續服務；如果有人有反對意見，我們就換個人來試試看。

7. 要慎選參與式決策的使用時機。畢竟開會的時間有限，而參與式決策又比較花時間，所以一定要慎選使用時機。一般而言，大多都是在規則的制訂等方面來使用。如合弄制中的 Lead Link 也被賦予自行決定營運決策的權力。

8. 千萬不要搞假民主。沒討論空間，不管如何都要做的事，就直白地以專制的方式直接宣布溝通想法。若利用程序幫自己背書，多用幾次，大家都心知肚明您要的不過是個程序罷了。這一點，我覺得最重要，真小人好過偽君子，所以，千萬不要搞假民主。

   千萬不要搞假民主。

   千萬不要搞假民主。

   因為很重要，所以說三次。

   嘗試一下小規模地使用認可決，您會發現它使成員參與投入度提升，也讓團隊激發出更多更好的想法。

以團隊為主的會議觀察要點

除了快速迭代、適應變化這個優點外，我覺得 Scrum 的重點價值在於：以團隊為主體運作，讓團隊取得個人所沒有的特性。

但要讓團隊擁有這些特性並不是容易的事。

因此，我認為有三個最重要的觀察要點：

1. 成員是否都能安心地表達自己想法？
2. 成員的個性與觀點是否夠多元？
3. 團隊有沒有好的決策模式？

首先，第一個觀察要點：安心表達自己想法。

Google 在高效能團隊的研究中，發現高效的團隊具有一個共通點，那便是心理安全感——團隊成員是否可以安心地在彼此面前冒險，

以及表現自己脆弱的一面。

落實在團隊溝通中就是：我的意見會被聽到、會被尊重、不會有人笑我笨；同時我會大膽提出我的看法，也歡迎大家針對我的看法提出建議和反饋。

具體的操作方法

1. 由最資淺的人員先發言，其他人不發言只認真聽（特別是資深人員），先讓每個人都發言過一輪再進行討論。

2. 給出時間讓每個人先寫下想法，之後再進行討論。

3. 善用探詢和主張。第一階段是探詢，先讓每個人取得自己所需要的資訊，再進入第二階段主張，讓每個人說出自己的觀點和想法。

4. 討論時人人平等、沒有對錯、沒有老闆，任何看法觀點都歡迎。（相較之下，決策時則是由有決策權的人下決定。）

第二個觀察要點是：多元的個性和觀點。

《哈佛商業評論》〈為什麼多元團隊更聰明？〉一文中提到：多元性可以讓團隊更有創意、更客觀，同時想法更可以落實。

每次在組成實習生團隊（4-7人）時，我們會刻意創造多元性，盡量讓異質性高的人在同一隊，比如說從不同的學校、不同的性別、不同的人格特質中挑選組成成員。

到目前為止嘗試的結果，到最後總是會產生一組相處得很愉快的實習生團隊。此外，聽實習生們4個月實習的心得分享，蠻多的共通收穫是：「第一次以團隊方式把事情做出來」。原來這些實習生即使之前在學校有過專題團隊，但也是各自分工不合作，大家分派工作最後再組

合起來。就像之前提到的，只能說是「團」而不能成「隊」。

而在實習過程中，成員利用 Scrum 的方式，及時了解每個工作的進度，互相支援遇到的問題，密集地分享和學習，還有一群學長姊噓寒問暖，這都是之前沒有的體驗。

具體的操作方法

1. 一群聰明人在一起不一定能組成聰明的團隊，適合團隊的人比厲害的人重要。
2. 使用 DISC 人格特質分析，或是進階一點的 MBTI，讓一個團隊中有平均的人數分布在不同的特質。
3. 找有特殊經歷的成員，如讀生死學系、高中讀了五年、有自己創業過的經驗等。
4. 避免獨厚自己的母校，比如控制某些學校的比例。
5. 找不同文化框架的成員，如外籍人士等等。

最後一個觀察要點便是：好的決策模式。

從小，我們的教育似乎只讓我們學會投票，但其實除了投票，還有很多決策方法，如共識決、猜拳、老闆説了算等等。

Scrum 團隊中沒有隊長 (Team Leader)，少了老闆説了算的選項，所以 Scrum 團隊如何決策是個大問題。

我認為在敏捷的團隊中，全員參與制提供了一個不錯的解法：認可決，任何提案只要沒有重大反對意見就可以進行。

認可決的精神是：儘管我並不百分百同意，但我願意嘗試後看看結果再來討論。畢竟很多時候壞的決定好過不做決定，而且敏捷的精神是靠迭代學習，沒有嘗試就沒有反饋。

具體的操作方法

1. 如果有權威決定權的人在場，如主管等，最好等所有人都發表完主管再說自己的觀點，才能取得最多元的意見。

2. 盡可能用認可決來做決策。比如問「有沒有重大的反對意見」，而不要問「有沒有人贊成」。

3. 利用反對意見來修改提案，而不是一有反對就撤銷提案。

4. 挑選一個輪值的執行官，在認可決不適合或有突發情況時擔任決策的角色。

5. 保持選項的開放，盡可能推遲決策的時間點，等到一定要下決定時再下決定。

可以被接受的主觀，好過無法被接受的客觀

如何量化個別開發人員和工程師的產能？

之前有討論過如何衡量團隊的產出和價值，接下來讓我們看看如何衡量個別開發人員（包含 Programmer、Tester 和 Designer）的產能。

情境一，假設您是督導建造金字塔的其中一個推拉隊的工頭，團隊裡面有三個人，其中兩個很賣力在工作，而另一個卻整天偷懶，還天天抱怨著為什麼輪子不用圓形的之類的問題。話雖如此，大夥每個月還是可以有 20 趟左右的產能。而您是工頭，每個月月底發加菜金的時候，該怎麼分呢？

不夠複雜嗎？

情境二，原本賣力工作的兩個人，在聽了第三人的話之後，也開始吵著要改變輪子形狀。而在換了圓形的輪子之後，整體團隊可以多運 10 趟，共 30 趟。

那麼，現在月底加菜金怎麼分呢？

最後，情境三，原本整天抱怨的那一個人不幸腳受傷，當月換成他妹妹來代班。然而他妹妹因為外表太漂亮，另外兩人不讓她工作，反而叫她坐在車上當推拉隊鼓勵師。團隊在邊工作邊聊天的狀況之下，當月的產能竟然超標——拉了 45 趟！此時，加菜金怎麼分？

法老王要判斷給整體產品開發團隊的加菜金容易，就直接算趟數。

假設一趟給大家分一隻雞腿，情境一是給 20 隻，情境二是給 30 隻，情境三就是給 45 隻。

但難題來了，個別成員要怎麼分配，大家才不會打架呢？

抱怨者的建議值多少雞腿？他的妹妹在精神上的鼓舞又值多少雞腿呢？

如果連推拉隊都很難讓大家分得心服，那麼過了四千年，當我們寫程式開發 Software 時的複雜度、抽象度遠遠高過拉石頭造金字塔，我們有辦法找到一個可以量化的方法來衡量團隊成員的貢獻嗎？

我早就放棄以找出客觀數值來評量的方法啦。

正式放棄的那一天，我正好去聽了 James Grenning 的演講，演講完後我就問 James，有什麼方法可以衡量 Developer 的能力和產能？ James 沉吟了一下說：「沒有辦法量化或衡量，如果真的要衡量，只能看到底有沒有解決問題。」

我對此的解讀是，客戶滿意（因為問題有被解決）就是好 Developer；反之，客戶不滿意就代表能力不足（先不管是技術能力還是溝通能力）。而 Scrum 框架中，最可以代表客戶利益和態度的就是產品負責人，所以產品負責人的滿意度就是開發團隊的能力指標。

總之，就是到最後還是只能靠產品負責人的主觀意見來判斷團隊甚至個別成員的貢獻。

那，重要的問題就出現了，團隊和成員的績效獎金怎麼辦呢？

之前上 Bas CSM 的課，他的建議有兩個：

一是全部都不要有獎金，完全反應在月薪上。

二是按照薪資比例均分，這個大前提是每個人的貢獻和能力已經在薪資上公平地反應出來，所以團隊的成就應該按此分配。

用任何其他量化的方式，都可以很容易地被操作扭曲。

但此時，熟讀中國現代史的人，不免會在內心響起一個聲音：這不就是所謂的「大鍋飯」嗎？

我覺得其中有一個最大的差異——這些人是自願在這團隊吃大鍋飯，所以表示這個分配模式是大家都可以接受的。加上自我組織管理的前提是，團隊會對不公平的行為做出反應和行動，比如說，要求個別成員增加成長速度或甚至離開團隊。

但在進化到共產主義理想程度之前，我們目前的做法是一半的獎金按照薪資比例均分，另一半就交給主管的判斷力來分配。至於主管按照什麼來判斷呢？百分之百主觀判斷，相信落實敏捷思維的主管會按照資訊做出最適當的安排。

這是一方面讓大家了解每個人都要對團隊產出負責，另一方面讓主管可以微調的折衷方法。

因為就前文的例子而言，不成熟的團隊會覺得整天抱怨的人沒貢獻，但有慧眼的主管會知道：有他在，團隊才會持續找出更好的方法。

如何評量開發團隊

關於軟體開發最經典的問題就是：要如何評量開發團隊？

這不但是管理人員最頭痛的問題，連開發人員也很想知道自己是怎麼被評量的。

我們先來看看能不能由產品（程式）或生產線（開發人員）上找出些東西，幫助管理人員對開發團隊打分數。

從程式方面來說，常用的評量方法有：

方法	說明
1. Number of Line of Code	算寫了幾行程式，數值越多越好
2. Bugs per Line of Code	漏洞 (Bug) 除以程式，數值越小越好
3. Code Coverage	測試覆蓋率：程式中原始碼被測試的比例和程度
4. Function Point	完成一個商業需求算一點
5. Story Point/Velocity	Scrum 團隊專用的故事點數／速度
6. Release 次數	計算一個短衝時間有多少交付上線

第一個是團隊認為這指標很重要。

第二個是這些指標要跟績效評量沒關係。

至於人員工作效率部分，常用的方法有：

方法
1. 打卡計時
2. 以打字速度計算
3. 外表看起來像不像工程師

看得出來上面的評量有什麼共通點嗎？

第一點，就算都做到了，也不一定是好的產品。

第二點，就是都沒解釋為什麼要開發這個軟體。

就像是搭計程車，不關心怎麼到達目的地，反而一直看司機有沒有坐端正、引擎轉速有沒有上四千。

但這些指標都是為了到達目的地，所以抵達目的地更重要。

熟悉關鍵績效指標 (KPI) 制訂的朋友，都知道 KPI 要衡量的是結果。而不論是 KPI、OKR 還是 MBO (Management by Objective) 都是為了校準從上到下的意圖，如同《孫子兵法》中所說「上下同欲者勝」，

所以不管是選擇什麼方法，重點都在於讓目標一致。有些公司開放讓員工入股，也是為了達到這個目的，只是當員工人數一多，公司整體的績效和個人的關聯性就越來越低，這便會是另一個考量點。

而我們軟體開發出來是為了什麼呢？是為了衝市占率？還是為了賺錢？

所以我覺得比較可靠的衡量開發團隊能力的指標如下，可以針對組織情況和目標來選擇合適的：

組織目標	說明
賺錢是重點	1. 產品帶進來的毛利 2. 毛利／開發與維護費用（每一塊錢的開發和維護費用可以換來多少收益） 3. 毛利／開發團隊人數（收益人效）
市占率是重點	1. DAU (Daily Active User) 2. MAU (Monthly Active User) 3. MAU／開發與維護費用（每一塊錢的費用可以換來多少使用者） 4. MAU／開發團隊人數（使用者人效）
開心度是重點 （不要小看這個，尤其是內部系統）	1. 關鍵 Stakeholders，包含老闆，有多高興 2. DAU／MAU（黏著度） 3. 客訴和發生問題的次數 4. 客訴和發生問題的次數／MAU 5. 客戶滿意度

但這重點是衡量全體開發團隊，包含企劃、美術設計、工程師、營運人員、產品負責人、Scrum Master，甚至是主管，總之即是掌控一個產品運行的全部人員。

至於個別人員的評量呢？主管跟產品負責人好辦，就是跟所負責的產品掛鉤。其他角色的部分就比較複雜了，參考一下如何衡量個別開發人員的績效吧。

4-8 如果你可以預測未來，那麼你不需要敏捷：主管的定位

好的主管會表演，厲害的主管提供舞台

有一天主管在會議上說了一個笑話，大家都笑得東倒西歪的，可是有一位同事沒笑，主管問他這個笑話不好笑嗎？他說：「以前的也不好笑，只不過今天是我最後一天上班。」

是什麼樣的環境，讓他連笑都要假裝呢？而且對這個主管來說也很可憐啊，他那麼努力地說笑話，如果能早一點得到真實的回饋，說不定練得久了，現在講笑話就好笑了呢！

主管的定位對於實踐「敏捷」而言是非常重要的。

有人可能會有疑問，第一章節不是說：「我們需要越來越少『管理人』的管理者，但需要越來越多能『自我管理』的管理者嗎？」那何必留主管這個職位呢？

但敏捷不是自然發生，而要靠人來慢慢推動呀！

先別擔心，以下，我會用自己導入 Scrum 的例子來詳談。

理想中的敏捷所帶來的亂象

2014 年，我剛開始接觸敏捷時，我的角色是新加坡商鈦坦科技的總經理，我覺得敏捷（包含敏捷開發、敏捷專案、敏捷管理）是在描繪一幅理想中的世界。

就以最熱門的 Scrum 來舉例：Scrum 團隊中沒有主管發號施令，工作由大家一起分工合作完成，且每個人自行選擇工作事項。此外，團隊成員不會偷懶，會盡力把事情做好，最後的工作成果則是由團隊共享。

簡單地說，就是「各盡所能、各取所需」，這也是共產主義中理想社會的呈現。

但等到真的實際做了，才發現完完全全不是這樣！

團隊沒有主管後，往往會陷入決策困境。最直接的情況就是：原本在專案進行的一個小決定，大家卻可以討論三、四天以上。

除此之外，由於缺少主管擔任訊息傳遞的角色，團隊的方向和部門、公司總是無法同步，因此造成團隊成員各做各的事，站立會議淪為過場，更糟的是，資深成員覺得教資淺人員很浪費時間，而資淺成員則覺得資深人員不務正業，只顧著做自己喜歡做的事，更別提在這段陣痛期，不習慣新模式而離開的夥伴。

種種所謂的亂象，直到大家掌握敏捷的精神才慢慢消失，然而——這已經是導入敏捷之後一、兩年後的事情了！

導入敏捷後的主管轉型

此外，常見的 Scrum 導入狀況是：部門主管自己當 SM。

主管當 SM 的風險，就是沒辦法產生一個自組織的團隊，但讓團隊有自我組織的能力是跑 Scrum 最大的理由之一，所以強烈不建議主管當 SM 的角色，讓主管當產品負責人，會比較容易養成自組織的團隊。

但若自組織不是近程目標，團隊也充分了解風險，由主管擔任 SM 也不是不行。

因此，假設主管要當 SM，會建議實務上要如何操作呢？

先前提到過 SM 和產品負責人是互斥的角色，若由同一個人擔任會造成權力過度集中，所以分開是比較好的選擇。

而有預算的情況下，從外部找敏捷教練 (Agile Coach) 來擔任 SM，不但可以帶入產業的資訊，還可以避免一些明顯的錯誤。然而如果眼下真的沒有合適的 SM 和產品負責人的人選，而且也沒預算，那麼由主管先兼任 SM，把 Scrum 的基礎建設先建立起來，也是沒辦法中的辦法。（但，有多少人是準備好當父母後才當父母的呢？）

　　而主管身兼產品負責人和 SM 也並非全然不可，有一個最大的好處是——可以用權威馬上推動敏捷的基礎建設。畢竟集權的好處是可以用半強迫的方式（如讀書、訓練），把相對沒經驗的團隊提升到一定的水準。

　　提升的重點有：

1. 改變團隊內部的溝通模式

　　可以先看《MIT 最打動人心的溝通課：組織心理學大師教你謙遜提問的藝術》這本書，應用裡面的技巧來促進團隊間的溝通。還有，先試著把一個團隊當作一個人來對話，把問題交給整體團隊，讓團隊自己去找解決方法。

2. 最小可行性商品 (MVP) 的概念和實作

　　Scrum 是敏捷的一種，但不管是哪一種敏捷，製作 MVP 的能力都是必備的。詳細方法可以參考《精實創業：用小實驗玩出大事業》這本書。

3. 讓 Scrum 的活動發生

　　如產品待辦清單精煉會議、短衝規劃會議、短衝檢視會議、短衝自省會議等活動要盡可能實現。主管可以提醒自己要促成團隊溝通，把自己當成幕後的角色。

主管對於敏捷的重要性

讓團隊提升到一定的程度後，接下來遇到停滯期的可能性很大，要想再往上提升就要靠團隊自己的意願和教練的功力了。所以，持續培養 SM 跟產品負責人的人選，讓團隊發展自我組織的能力，是主管重要的長期責任。

再來，導入 Scrum 還有一個常見的情況：讓專案經理 (PM) 來擔任 SM ——即便 PM 和 SM 的功能與思維其實差異很大。那麼，一個苦命悲情而任重道遠的 PM，到底要如何才能順利轉型為 SM 呢？

要成功地轉型為 SM，跟主管充分溝通是必須的；而且溝通重點在於釐清主管對 Scrum 的期望。

以下我們分成四點來依序說明：

1. 設定好主管的期望

首先，我們要先確認主管對 Scrum 的幻想期待是正確的 —— Scrum 並不會讓產出增加，也不會讓團隊變超人。

Scrum 不是一種萬能的特效藥，它只能讓產品比較容易符合客戶的期待，而團隊成員在工作上會比較愉快，也比較容易找到工作的意義，這使團隊發展更有永續性。

總之，Scrum 是個長期投資，不僅一年內要看出結果是件不太可能的事，而且短時間內產出一定會下降。

2. 找主管扮演 Product Owner

有了主管的支持後，下一步便是請主管接起產品負責人的角色。如果主管對於完全接起產品負責人這個角色表示有困難，那麼至少主管必須做到安排產品待辦清單優先順序的工作，以及解釋待辦事項戰略目標 (Why) 和驗收成果這三項工作。

產品待辦清單的功用，是用來溝通產品的願景；而在使用 Scrum

軟體（Excel 除外）管理產品待辦清單時，通常會讓產品待辦清單變成一份只有產品負責人看的文件。這樣一來，產品負責人會花上很多時間試圖完善清單項目的內容，而用於產品待辦清單內容精煉(Refinement) 的互動反而會減少很多；原本應由開發團隊和產品負責人協作的「What」（戰術目標），就會變成產品負責人自己一人的演講。

如此一來，往往導致開發團隊自以為了解需求，但其實並不清楚產品的改進方向。

除了上述三件任務之外的事，團隊成員就自行處理，但無論如何，產品負責人的頭銜一定要掛在主管身上。

因為雖然產品負責人和團隊理論上要協力，但往往會變成對立。此時，如果產品負責人不是主管而是團隊成員的話，那麼很可能在產品產出前，團隊就因為對立而先解散了！

3. 認清 Scrum Master 的角色

搞定主管後，接下來是搞定 SM 的定位。

SM 的重點在於幫助團隊適應成長，所以第一步，也是最重要的一步，就是「改變說話的方法和態度」。

比如，在表達時可以多使用問句，以及保持開放式的態度。具體來說，可以用：

「剛剛發生了什麼事？」

「您剛剛指的是這個意思嗎？」

「我有些想法，您們要聽我說說看嗎？」

以上這些句子，都會比直截了當的命令句來得恰當許多。

《MIT 最打動人心的溝通課：組織心理學大師教你謙遜提問的藝術》一書中，對於如何以提問來幫助團隊，也有非常清楚的解釋。

4. 取得團隊的信任

最後一步聽起來很簡單，但要做到很難。

最重要的是，要讓團隊成員知道——我們是真的要導入敏捷。若對於這點感到窒礙難行，不妨參考一下專案人力資源管理中的一些方法。

把上述的基礎打好，就是在前往敏捷這條路的路上了。剩下的，就交給時間和信心吧！

如果你不能衡量它，就不能管理它。

——彼得‧杜拉克

我在網路上看到一個笑話：一個投資人正在看股市技術線圖，旁邊有一個乞丐看到了便說道：「KDJ 數值底部鈍化，MACD 底部背離，能量潮缺口擴大，股票就要漲了。」投資人很訝異地問乞丐怎麼也懂這些分析，乞丐則回覆：「就是懂才會變這樣。」

數字就只是數字，選對好的指標，讓我們專注於想要改善的方向，比數字本身重要。

談「要怎麼做」之前，不妨讓我們先談談「什麼一定不能做」，並且，要能成功轉型，主管的定位也很關鍵，主管往往在敏捷導入後有很大的轉變，也因為導入敏捷，短時間內產出一定會下降，但長線來看這對整體而言是否有益，我們需要一些領先指標來檢視。

除了主管對自我的定位要清楚之外，對一個組織的營運而言更重要的是——錢。一個可以賺錢的組織不一定是好的，但不賺錢的組織一定是壞的——畢竟一個沒辦法養活自己的組織，還有什麼存活下去的價值呢？

因此，組織應該要有明確的指標，才能幫助我們隨時檢視前進的方向是否正確。對此，本章會先解釋何謂領先指標，並說明好的領先指標

應有的原則，最後著重於領先指標的三個面向來細談。

領先指標的意義

以一個「組織」來說，要存活下去的關鍵是——財源。所以每每談到如何衡量團隊的績效，在一般的情境下，都是以團隊能帶入的收益來判斷團隊的績效。（例外的情況是投入大量的資金以搶攻市場，但這種錢不可能無止盡地給，以長期來說公司還是要有獲利才是。）

說到這，一定有人會反對：

「充滿銅臭味的奸商退散！」

「有夢想最偉大！」

「慈善團體就不需要錢！」等等的聲浪一一出現。

但別忘了，慈善團體的財源就是募款呀！

能提出價值，讓大家願意捐款，團體並以此支付應有的開銷，才能幫助更多的人，不是嗎？而整天喊著夢想的人，背後也一定有金主，以保證至少在生存方面沒問題。

但我們總不能等到產品上線後，發現沒有利潤可言，才來做檢討吧？

在產品開發過程中，其實都有些跡象能幫助我們知道：到底達成目標的機會有多大，以讓我們適時做些調整。而這些跡象就叫做領先指標 (Lead Measures or Lead Indicators)。

領先指標的原則

一個好的領先指標，必須符合兩點原則：

1. 領先足夠的時間，以提前知道現狀，並適時做出改善行動

舉例來說，在登山時若感覺到往下墜才做

反應，那就已經太遲了！因此，了解當時離山壁的距離、土質的鬆動程度等，會對登山行動的安全有所助益。

同理，應用到產品上也是如此。

2. 跟績效評估脫鉤

若產品的生產歷程都需要一一被評量，這就會提供團隊做表面功夫的誘因或造假的動機，如此一來就沒辦法了解到產品的實際情況如何。

領先指標的三個面向

領先指標並不是單一的衡量標準，會依照「獲利」、「產品表現」與「團隊表現」而有不同的項目和內容，下面我們依序來一一細說：

1. 針對「獲利」的領先指標

（1）推出新功能／新產品的速度

（2）客訴次數

（3）媒體曝光次數

（4）開發新顧客次數

2. 針對「產品表現」的領先指標

（1）產品待辦清單 (PB) 優先順序和項目改變次數：

若工作事項在產品發布後都沒有改變，很大的可能是我們沒有從使用者身上獲得回饋，不論在產品或市場上都沒有學到新的知識。

這時有人會質疑：那已經排好的一年的工作要怎麼辦？

其實，問題在於：是「要把工作做完」重要？還是把「產品做好」重要？

現在市場變化激烈，產品上線以後一定會有很多資訊證實或推翻先前的假設，因此需要改變原本的對策，而這些對策的改變

理應會反應在產品待辦清單。

所以，在功能和產品上線後，我們必須透過仔細觀察使用人數、次數、時間、對營收的影響、使用者的滿意度等，來決定下一件要處理的事情為何。

（2）上線發布 (Production Release) 的次數：

能快速而且經常地上線發布，代表的是自動化測試跟持續整合都有到位，這讓產品能夠更靈活地反應市場變化並保持品質。因此，可以採用提升自動化測試、持續整合技術能力的方式等。更進一步説，可以利用 Coding Dojo，技術分享跟結對編程 (Pair Rogramming) 來達成這一項。

（3）談論使用者 (User) 需求和驗證需求的次數：

敏捷的核心是產品，而產品是做給人用的。

唯有團隊成員時時刻刻想著使用者要什麼，才有可能做出打動人心的產品。

因此，我們可以去上使用者體驗 (User Experience) 的課程，讓所有的行動和改變都要質疑「這對使用者有什麼價值」，並使用 A/B Test 來驗證對使用者的假設。以上，可參考後面的「7-12 好書推薦」一節。

3. 針對「團隊表現」的領先指標

（1）團隊一起吃飯次數：

團隊的默契不容小覷，吃飯、聊天便是增進團隊夥伴感情的最好方法。

默契高的團隊夥伴，不但工作上幫助彼此進步，更會因為觀念的契合，下班後也會是不錯的朋友。把工作跟個人生活分

得很開的團隊，默契和凝聚力一定不高，在各種行動的配合上就無法達成最高的效益。

感覺很難嗎？不妨試試：先找談得來的一、兩個成員一起，再慢慢增加人數吧。

（2）閱讀的書本數：

閱讀的書本數，反應的是學習風氣。有很多人認為參加研討會、看部落格就是學習，我個人認為這是淺碟式的學習——只能摸到表面。我覺得只有靠看書才能產生自己的觀點，因為看書能在幾小時或幾天之中，吸收作者最精華的思想，而作者可能是花了好幾年的經驗才寫出這一本書呢！

不讀書的團隊，其成長幅度我是悲觀看待的。對此，我提出了幾個對策：上策是團隊有自發的讀書會；中策是列出推薦書目，讓有興趣的人自己去看；下策則是將書籍列入必讀書單，甚至直接逼成員讀書寫心得。

讀書是少數有辦法以逼的方式推動，而又沒太大負面影響的動作。先以逼迫的方式讓團隊看書，進而培養閱讀習慣，也是沒有辦法中的辦法。

（3）開會和討論時的嘈雜聲分貝：

這點反應的是溝通的意願和充分度。每個人觀念和想法一定有差異，唯一的解決方法就是溝通。冷清的會議或討論，反應出的是團隊不願意溝通、沒有能力溝通或是沒有安全發言的環境。沒有充分溝通的團隊，每個人都會有很多自己的假設(Assumptions)，而靠著假設做事，代價就是重工造成資源浪費。

解決方法很簡單，就是找出和培養團隊中的溝通橋梁，並營造一個可以安全對話的環境，讓大家可以暢所欲言。重點是——討論須對事不對人！

（4）正面思考的人數比例：

　　　　正面思考的人聚在一起可以互相充電；若團隊中都是負面思考的人，不但成員自己感到痛苦，對團隊而言也是很大的負擔。此外，還很可能會影響到整個企業的文化。

　　　　那，如何讓正面思考的人數比例增加呢？首先，先把自己的正面能量顧好。

　　　　沒有正面能量嗎？考慮一下自費參加專業課程吧，在課程中可以遇到很多正面能量的夥伴。自己擁有正面能量後，再來慢慢影響團隊的每個人。

　　　　並不是每個人都能很快地接受導入敏捷以及其所帶來的改變，畢竟個人的背景不同，思考的維度也可能不太一樣。若一味地強迫別人改變來配合公司政策，不僅團隊會有很大的壓力，不想改變的人更會頭痛不已。

　　因此，在談完領先指標之後，我們進一步談談如何經營企業文化來促成改變。

要知道真正的文化，就看他們做些什麼，身體比嘴巴誠實

要種出一棵樹，最好的時機是十年前。

而次好的時機呢？

是「現在」。

如果您有更想要身處的文化，「現在」就是最好的改變時機。

因為公司的人資部門 (HR) 會影響組織的敏捷程度和敏捷的導入方法，因此，我們也需要進一步探討公司的企業文化。

什麼是企業文化？網路公認的說法是：一個組織擁有共同價值觀、處事方式和信念等內化認同，並表現出特有的行為模式。

這定義聽起來很抽象，但其實從組織人員的行為、工作事項的規範、組織保有的主要價值、指導組織決策的觀念等方面，就可以大致看出這一個組織的企業文化的模樣。

企業文化怎麼來的？

企業文化並不是掌握在主管身上，而是在人資部門身上。為什麼？因為人資部門可是會深深影響組織的敏捷程度和敏捷的導入方法呀！

聯聖企管陳宗賢教授在他的杜拉克管理專班裡常說，人資部門跟團隊人員幾乎是高度緊密相關，因此，想要導入敏捷開發，除了主管的支

持，更要爭取人資部門站在同一陣線。

HR 的發展脈絡

雖然用 HR (Human Resource) 來統稱所有人力資源相關的事項可能不太精確，但我們這邊為簡便說明，先暫且如此使用。

以人力資源專業的歷史沿革來看，可以發現 HR 的發展主要有四個階段：

1. 人事行政 (Human Management)
2. 人力資源管理 (Human Resource Management)
3. 人力資源發展 (Human Resource Development)
4. 人力資本管理 (Human Capital Management)

每個階段都有包含上個階段的工作，但是有新的重心。

到這裡，可以先問問自己：「我們公司裡的人資部門在做些什麼呢？」是算薪水、排假、辦活動、徵才找人、績效考核、安排教育訓練……或者打造公司文化？

把人才當作資源 (Resource)

很多公司的人資部門其實都只做人事行政。比如算薪資福利、休假、勞健保、管理員工檔案，甚至公司活動籌劃等這些偏重於行政類的事情。

從這裡就可以看到，這樣的公司，人資部門還停留在上述的第一階段。

至於什麼時候會往下一階段邁進？

大概是老闆問「要怎麼知道公司請這個人到底划不划算？」的時候吧。

因為這時，公司才會需要人力資源管理。

「人力資源管理」的概念是把人當作資源，如同金礦一樣，重點是找到金礦（徵才找人），趕快提煉出金子（用人），看能產出多少純金（績效評估），產量不夠就趕緊去找另一批金礦（人才汰留）。

所以資源採到就要盡量用完，人請到就要人盡其才，這大概源於「只要是資源就要用完，不用完就是浪費」的概念。

有些公司的規定很奇妙，其思維就像無機體一樣，可以任人擺布，認為只要訂些規定就可以把資源和效率最大化。

但，真的是這樣嗎？

把人才當作投資

人並非上述所言，可任意操弄；人可是能學習和成長的有機體呀！

將人力資源的發展概念比喻為種果樹，果樹需要澆水施肥（教育訓練）來成長結果——這還是延續「人是生產的成品之一」的概念，有點標準化打造人力的意思。然而最新的概念是「人力資本管理」。

此方式以人為重心，把人當作企業最重要的投資標的，並認知到每個人的獨特性。

因此，這著重在組織跟個人的價值觀契合度。

從組織面來看，什麼樣的文化最能讓組織在市場上打勝仗（打造文化）呢？

從個人面來看，如何找到能融入並幫忙創造文化的人才？如何讓雙方合作愉快且關係持久呢？

不管是哪個階段，人資部門 HR 都要做好分析和制度規劃。分析包含員工背景分布、滿意度和離職率；制度規劃目的是在延續老闆意志

（前三個階段），和打造出公司文化（最後一個階段）。

轉型要成功不能不靠人資部門

焦點回到導入敏捷。我們要先觀察目前公司的人資在哪個階段，才能找到切入點。要怎麼知道目前公司內的人資部門是在哪個階段呢？

其實很簡單，只要問一句：「我們公司人資部門主要都在做什麼？」就可以了。

其一，答案是：算薪水、排假、辦活動。那麼目前貴公司的人資部門基本上和人事行政沒有不同。

如果要導入敏捷做出改變，必須爭取大老闆的支持。因為主要意志的執行單位是老闆。利害關係人矩陣（詳見第五章）位於影響力低、興趣低的位置，只要監控態度就好。

其二，答案是：徵才找人、績效考核。這部分的 HR 屬於第二階段「人力資源管理」。這個階段是最要小心管理的，因為此時的人資部門 HR 有足夠的權力讓任何改革失敗，但沒有足夠資源讓改革成功。目前利害關係人矩陣位於影響力高、興趣高的位置。此時要做的是——與大老闆、人資部門兩邊溝通。

具體而言，一方面要跟人資部門強調這是他們的專業，我們只是幫忙；另一方面則要提供成功案例給予老闆，並把功勞給人資部門。若能幫人資部門往下個階段邁進，便是雙贏的結果了。

其三，答案是：安排教育訓練。恭喜您，貴公司的人資部門在第三階段「人力資源發展」。讓人資部門把敏捷相關的課程編入預算就是一大勝利了，以後再慢慢擴大敏捷的認知吧。目前利害關係人矩陣位於影響力高、興趣低的位置——興趣低是因為這只是他們安排的課程之一。要保持讓人資部門滿意，盡量不要幫他們找麻煩，並且給予導入敏捷的實際成功案例，也提供教育訓練效果的簡報等，這些都可以幫助人資部門爭取資源。

其四，答案是：打造公司文化。基本上可以用「不知道在幹什麼，但好像什麼決策都有 HR 的影子」一句話來囊括。只有在這個時候，人資部門才是「人力資本管理」這個最理想的情況，此時人資部門有足夠聲望和資源讓改革成功，一定要爭取為同一陣線。用敏捷的好處說服他們，並讓他們擔任主導的角色。此刻利害關係人矩陣位於影響力高、興趣高的位置。因此必須與他們保持密切的溝通，最好能和他們打成一片。

綜上所述，即便傳統人資的五大工作分類是「選用育評留」（即徵才選才、做事用才、教育訓練、績效評鑒、人才汰留），但我覺得人資應只是輔助部門主管，部門主管要主導以上流程和對部門的人力配置負責才，而人資最終的大目標是公司文化的打造，制度面包含選用育評留的設計只是手段和方法而已。

關於企業文化

「三流的組織靠人才，二流的組織靠制度，一流的組織靠文化」，這三句話應是老生常談了。第一句話是指組織只靠個人單打獨鬥；第二句話則是藉由制度讓團體協作；第三句話就比較令人費解了——畢竟文化這種東西，看不到、摸不著，對組織的影響有那麼大嗎？

相信有看過管理相關書籍的朋友都對「文化」這兩個字不陌生。這兩個字看似簡單，實際上在執行時卻複雜萬分，但它在日常生活中卻又俯拾即是。那到底什麼是文化？首先，我們先來定義一下「文化」：

1. 文化是指從上到下每個人的共識和默契
2. 每個組織都會發展出自己的文化
3. 文化沒有好壞之分

一旦察覺到這個組織適合生長，那麼文化就會蔓延，直到每個人都

被影響。而當文化根深柢固後，要移除可沒那麼容易。

關於文化，有一個在管理學中流傳已久的故事——猴子噴水。

故事是這樣的：科學家把十隻猴子關在籠子中，並在籠子中央吊一把香蕉。

大家都知道猴子熱愛香蕉，所以猴子就會想盡辦法想得到香蕉。而科學家會在猴子快拿到香蕉時往籠子中噴水，使得每隻猴子全身濕透。因此後來十隻猴子都學乖了，就算香蕉仍然在籠中，牠們都不會想去拿。

這時候，科學家把十隻中的一隻猴子抓出，再放進一隻新的猴子。而新進的猴子一發現籠中有香蕉便立刻想要拿取，但原本就在籠中的九隻猴子因著過往的經驗，不想要被噴水，因此便群起圍毆那隻新進且想拿香蕉的猴子。新進的猴子雖然莫名其妙被打，但也學到香蕉是個不能碰的東西。

接下來，科學家一一把原有的猴子換成新的猴子，而因為猴子喜愛香蕉這個習性的關係，每隻猴子在進入籠子後都會想拿取香蕉，也因此都會被在籠中的其他猴子毆打。也許是因為不服氣，也或許是因為報復心態，打得最兇的都是上一隻進來的猴子。到最後，籠子中雖然都是沒有被噴過水的猴子，但再也沒有猴子敢去拿香蕉了。

這個故事很好地解釋了文化的發生和傳承，後進者都是依據先進者的態度，來決定什麼可以做，而什麼不能做——即心理學上的從眾效應。

每個文化中的儀式或做法一開始都是有原因的，但如果沒有好好地解釋原因便往後傳承，就會成為「照做就對了，我們從以前就是這樣做」的行為模式。因此，組織內就會有看到許多不知道原因，但還一直做的

慣例或行為，漸漸地，就會形成特殊的企業文化。

以上，「猴子噴水」的故事非常深刻地點出組織文化是如何塑造而成的，到最後大家只會知道千萬不要，但為什麼千萬不要？原因已經消失在空氣中。

如何打造企業文化？

一般我們會經由幾個重點來觀察公司文化：

1. 哪些人被找進來
2. 哪些人升官了
3. 哪些人離開了
4. 什麼行為被獎勵，什麼行為被懲罰

如果您認為年資很重要，那千萬別說升遷靠能力，要說我們重視忠誠度。如果您只信得過有血緣關係的自己人，千萬別說一視同仁，要說哪些職位只能由親屬擔任。如果您不容許犯錯，那千萬別說鼓勵嘗試，要說我們小心行事。

因為人都很敏感，察覺這些潛規則是很容易的。

說一套做一套不但瞞不過眾人，還會讓大家多增加一個文化元素：我們鼓勵說假話。

如果想要改變文化的是主管或老闆，那我們可以先從了解自己開始。首先，寫出 30 個  描寫自己個性的形容詞，並從中選出自己聽到會感動，且平時就遵循的價值觀，最多選出 5 個（千萬別選聽起來很好但自己做不到的）。然後公布出來並身體力行，按照這些價值觀行事，不出一年，整個組織會朝這些價值觀前進，改變，就會開始發生。

讀完敏捷的核心思考之後，我們會發現：「真誠面對需求」很重

要；主管定位是釐清對於「人」的需求；領先指標則是掌握對於「產品」的需求；而企業文化，則會影響整個組織面對需求的態度。然而，真的要將敏捷導入組織中，必定會面對到很多的問題。

首先要知道：變革不是重點，重點是為什麼要變革。同樣的，在讓企業敏捷化之前，我們要先知道為什麼企業需要「敏捷化」。

敏捷化，其實就是讓企業可以快速反應市場的變化。而需要敏捷化的最大原因，其實來自於市場的型態已改變。

在工業時代，消費者的需求遠高於生產者所能供給的，消費習慣的改變緩慢。生產者（也就是企業）所追求的是效能——如何用最少的資源生產最多的產品。因此，當時靠的是大規模生產以降低平均生產成本、詳細的規劃提高良率、一致的工法降低差異性來提升優良率等等的方式。

然而在進入網際網路時代後，生產者的供給遠高過消費者的需求，因此把產品做出來相對簡單，但要把產品賣出去的難度卻大大提高了。此外，資訊的快速流通也造成消費習慣快速變化，故市場的需求也越來越難捉摸。

因此，再次提醒：企業敏捷化的目標是讓企業可以快速反應市場的變化。讓產品或服務盡快推出以面對市場，並依據取得的反饋來改善企業所提供的產品或服務，使其在市場上更有競爭力。

Chapter 5

全局戰略
如何運用專案管理讓敏捷更好

有一位軟體工程師、一位硬體工程師和一位專案經理一同坐車參加山上的研討會。不幸在下山時車壞在半路上了，於是三個人就如何修車的問題展開了討論。

硬體工程師說：「我們可以把零件一個一個拆下來，找出原因，排除故障。」

軟體工程師說：「我們應該全部下車，再重新上車發動引擎試試看。」

專案經理說：「根據經營管理學，應該召開會議，根據問題現狀寫出需求報告，制訂計畫，安排時程，經由 alpha 測試、beta 測試來解決問題。」

如同以上故事中所描寫的，在專案中專案經理是不容易討喜的角色，但對專案又非常地關鍵。那如何算是一位稱職的專案經理呢？也許看完本章您會有答案。

接觸敏捷之前，我在 2009 年取得國際專案管理師 (PMP) 的證照，對我來說，準備證照考對專案的理解有很大幫助，因為 PMP 的教科書 PMBOK 中擁有完整且鉅細靡遺的專案管理相關知識，也提供了許多專案管理的工具和方法。

不過，我當時遇到的問題是：儘管我可以對專案的各種細節掌握得很清楚，但過程之中不管怎麼實踐都卡卡的，規劃明明很完整，但結果都跟期待有所落差。所以我增加更多的控制，比如說把需求寫得更詳盡、追蹤會議開得更密集、檢討會議批評得更用力。而這種種增加控制的方法，好像並無法促使專案進行得更順利，反而讓大家心更累、進度更慢、發生的事故更多。

直到接觸敏捷之後，應用團隊自組織的方式，比如將需求落實的方

法交由團隊成員討論、工作分派由團隊自行決定、團隊自行提出改善方案。以前由主管或專案經理主導，現在變成團隊自行掌控，儘管控制變少，專案的透明度反而提升了，專案進行得更順利的同時，團隊也因為看到自己的價值，體認到自己可以對公司和產品產生影響力，從而提高投入度並且更開心地工作。也因為團隊需要掌控專案，所以我認為 PMBOK 的方法並沒有過時，專案管理反而成為團隊成員的必備技能。從一個專案經理掌控全局，轉變成為人人都具備專案管理的能力。

如果對 PMP 或專案管理有興趣的朋友，請參考周龍鴻 (Roger Chou) 老師所創立的長宏專案管理顧問公司，台灣八成以上的 PMP 都是從長宏培養出來的。

如想要更深入了解軟體專案管理的朋友，推薦 Fable 寓意科技的創辦人施政源 (Paul Shih) 所寫的《軟體專案管理的 7 道難題：新創時代下的策略思維》一書，可以更深入地理解軟體專案的運作方式，以及如何在實務上解決專案的問題。也因為專案管理比較生硬，所以我嘗試用一些生活化的例子，來描述如何在日常中應用專案管理，讓大家可以輕輕鬆鬆了解專案管理的概念，知道選擇合適的工具來管理專案，從而提升生活和工作的品質。

而敏捷式的專案管理，就是善用傳統專案管理的知識，然後用迭代的方式，以團隊自我管理的方式運作，就能讓敏捷與傳統專案管理的知識相輔相成，內外兼修，把爹不疼媽不愛的專案，管理成爹疼媽愛，自己愉快。

接下來，我們要進入本書的核心——詳談專案的推動，即介紹 14 個敏捷的專案管理運作。

但在正式開始前，我想先談談關於「如何了解客戶的需求」。

客戶的需求，與夢中情人有高度相似之處——不管列出再多條件，不過是僅供參考。比如我們常常會要求對方身高一定不能低於多少、體重不能高於多少、個性要溫柔體貼、目標是勤奮顧家……但往往我們最

後選擇的對象，並不會完全符合自己所開出來的條件。

回到客戶的需求，若客戶提出的需求非常具體，如另一半的身高等這些可以量化的標準，這還算好解決；但諸如溫柔體貼、勤奮顧家這些抽象的要求，到底要怎麼衡量？

其實，只要知道如何找夢中情人，就知道如何了解客戶需求。

第一，取得頻繁和快速的回饋

敏捷開發原則中提到要「經常交付可用的軟體」，頻率可以從數週到數個月，以較短時間間隔為佳。

同樣以尋找夢中情人為例，若想要找尋適合的另一半，當然要多創造遇見新朋友的機會，畢竟夢中情人從天上掉下來的機率比被隕石打到還低呀！不管是聯誼、朋友介紹、上課、參加社團……只要多方開源就可以增加機率，還可以知道自己的偏好。而應用到客戶需求上，我們可以利用原型（Mock Up，也就是縮小比例的模型或是簡單的視覺呈現，比如說畫個草圖）、演示（Demo，用說明加上一部分產品的視覺或使用呈現，比如說用紙張畫些操作介面，以顯現畫面使用上的變化）、最小可行性產品（Minimum Viable Product，又稱 MVP，先做一定必須要的功能，如果市場反應不錯，再持續增加功能）等，以最簡單的方式來確認客戶喜歡的產品為何。

Scrum 裡定義短衝長度是 1-4 週（實務上建議最好 2 週以下）的原因，也是為了盡快讓利害關係人看到可用的軟體，從而取得回饋來調整下一個短衝的走向。

從產品待辦清單（以下簡稱清單）排序和內容的變動幅度，可看出團隊有沒有取得回饋。照理說，在競爭的環境中，清單的排序和內容應

該會有劇烈的變動；若很少或幾乎沒有變動，通常會有兩個狀況：一是團隊的開發模式還是偏向傳統那種一開始就全盤規劃的那一套；二是 PO 和團隊沒有從短衝回顧會議或產品的使用上取得足夠的資訊。這時，團隊應該花時間在研究分析新的功能上線後對使用者的影響。如果取得回饋後不調整走向，就如同發現自己喜歡運動型的女孩，但卻一直跑茶道社的活動一樣矛盾，為什麼不改去街舞社呢？

第二，盡可能多溝通

敏捷開發原則也提到：「業務人員與開發者必須在專案全程中每天一起工作。」為什麼要每天一起工作？若只是坐在一起，並沒有幫助，所以這句話的核心意旨是——業務人員與開發者要常常交換意見和釐清需求。

如同尋找對象，在鎖定了目標之後，要更清楚地了解對方的一切，就需要靠溝通了。而溝通最重要的技巧是主動聆聽 (Active Listening)，多多挖掘對方內心的想法並給予真誠的回饋，這才是最重要的。

回到我們的正題，如果沒辦法跟客戶面對面怎麼辦？這時，善用 AB 測試 (A/B Test)，同時發布兩個以上不同的產品版本讓真實的使用者使用，但控制一個變因，從而判斷使用者喜歡哪一個版本，或是哪個版本帶來的成效比較好。就像在臉書上，我的帳號一直都沒有「掃 QR 二維碼」就可以加入好友的功能，但是我朋友的帳號有這個功能，這就是臉書的工程師在做 AB 測試。

AB 測試是產品開發最好的朋友，可以用這個方式來觀察使用者的行為記錄，聽到使用者內心的聲音。

不過，找夢中情人和開發最大的差別是：夢中情人不需要天天見面也可以維持感情；而軟體開發若連續幾天沒聯繫或更新資料，雙方認知可能就天差地遠了。

第三，感覺比事實重要

　　〈敏捷宣言〉說：「個人與互動重於流程與工具」。

　　夢中情人的相處是靠感覺，喜歡只需要一個理由，不喜歡的理由卻有千百種。同理，客戶滿不滿意是看客戶心情。若跟客戶關係好，服務水準協議（Service Level Agreement，簡稱 SLA，在資訊產業代表的是一個品質保證，比如說 Google AI 服務的可運行時間為每月 99.5% 以上，也就是每個月總時數是 720 個小時，而乘以 1-99.5%=0.05，就有是 3.6 個小時的無法運行時間，只要是當月的無法運行時間在 3.6 個小時以下，使用 Google AI 的客戶都需要接受）破表都不重要；但若是跟客戶關係不好，客戶連在雞蛋裡都會挑骨頭。所以，跟客戶有點私交通常是加分的。

　　但如果客戶是沒辦法有機會面對面的廣大的使用者呢？

　　心理學是 PO 和開發團隊的必備工具。第七章的「選配裝備」提供了一些實用的書單提供給大家參考。而軟體開發跟找夢中情人在此可以歸納一個共同點：對心理學有了解都會加分——畢竟產品都是為人而生的！

　　在由多年專案管理顧問經驗的張國洋 (Joe Chang) 與姚詩豪 (Bryan Yao) 經營的 ProjectUp 專案管理生活思維中，也可以找到許多專案管理的應用和思維。

ProjectUp 專案管理生活思維

5-1　基礎入門簡介（Projects Management Introduction）

人生也是個專案，有開始有結束，而且每個人都不一樣

十年前很熱門的一個詞：Project Management Professional (PMP)，現在越來越少聽人提起了；而現在大家關注的是什麼呢？大概是 Certified Scrum Master (CSM) 吧，因為 CSM 的課程似乎越來越多。但如果連 PMP 都這麼慘，那考試上又比 PMP 更加簡單的

CSM，實在令人擔心—— CSM 是不是會像 PMP 一樣被搞爛？我只希望不要在兩年之後，市場上多了一批「說得一口好 Scrum 的 Scrum Master」。

雖然說敏捷倡導的是「做產品 (Product)」而不是「做專案 (Project)」，但時不時碰到專案還是不可避免的，所以 PMP 裡面的內容，有不少還是有參考價值的。然而，由於 PMP 在工具跟流程上多所著墨，引起不少人便藉此反對 PMP：「都導入敏捷了，還需要 PMP 嗎？」

〈敏捷宣言〉中說「個人與互動重於流程與工具」，可不是說只要「個人與互動」，不需要「流程與工具」呀。

其實敏捷開發是把許多之前專屬 Project Manager 的職能轉移到團隊身上，所以與其說揚棄專案管理，不如說是要變成團隊全員對專案管理都要有所理解才行。而且敏捷大多只談心法、內功和框架，外功還是要靠其他課程如 PMP 來補足。更何況，PMP 談的工具都可以跨領域

應用，有些放到敏捷開發來實踐也有添翼的效果。

因此，接下來，我們會從專案管理的角度來重新學習敏捷開發。

什麼叫專案

什麼叫專案

A project is a temporary endeavor undertaken to create a unique product, service or result.

專案就是用暫時努力來創造出一項獨特的產品、服務或結果。

「專案」要符合兩個特性：

第一是暫時性，沒有明確開始或結束的就不叫專案。

第二是獨特性，如果過程或產出跟其他工作差不多，也不叫專案。

那，不叫專案要叫什麼呢？

對此，我們通常會稱作為營運 (Operations)，就是只要重複做的普通事項。故一般企業裡大部分的事務都是屬於營運。

這樣說可能有點抽象，我們以實際的例子來做說明吧。

先從上述的定義來看，請問：下列哪些符合專案的定義？

1. 我要去香港玩。

2. 我今年要去香港玩。

3. 我今年要去香港自由行，是我第一次去。

4. 我今年要去香港自由行，行程會跟上次一樣。

5. 我下禮拜要帶團去香港，同樣的團已經帶 5 次了。

想好了嗎？

來，我們一一公布正解：

首先，1 絕對不是專案，因為沒有明確開始跟結束的時間。

其次，2「可能」是專案，因為有明確時間（現在起到年底）；然而從此句中看不出獨特性，因此目前無法判斷，需要有更多資訊才行。

次之，3 很明顯是專案，因為有明確的時間及獨特性。

再來，4 不是專案，雖然有明確的時間，但沒有獨特性（即便依照去年行程走會遇到不同的人，但整體而言差異不大）。

最後，5 也不是專案。這很明顯是導遊的工作，所以對他來說獨特性非常低，可以直接歸類在營運了。

現實生活中，只要差異不會太大、沒什麼獨特性的工作，我們一般都會歸類在營運。

專案管理的架構

專案管理最小的單位是流程 (Process)，每個流程有自己的輸入資訊 (Input)、工具和技巧 (Tools & Technique) 與產出資訊 (Output)。

打個比方，若 Input 是食物，Tool & Technique 就是母雞，Output 就是雞蛋。就算食物 (Input) 都一樣，但因為每隻母雞的體質不同（對工具和技巧的使用和理解），牠們生出來的蛋 (Output) 也會差很多。

為了便於理解和記憶，在 PMBOK（PM 聖經，*Project Management Body of Knowledge*）中，先把流程按照專案進行的時間順序分為五大群，如起始、規劃、執行等。然後把相近知識內容的流程群分類到九大知識領域，如時間管理、成本管理、人力資源管理等。

換句話說，要查任何一個流程都可以從時間軸（五大流程群）來

查，也可以從知識分類（九大知識領域）來找。

Q1 考過 PMP 就會管專案嗎？

其實 PMP 考試和考多益一樣，很多的 PMP 班都是教考試猜題。但多益考了滿分 990，就可以流利地使用英語嗎？答案顯而易見。我建議有五年管理經驗以上的人再去學，若缺乏實務體驗，與紙上談兵無異。

Q2 專案管理聖經 PMBOK 裡的東西太理論而不實用嗎？

身為專案管理者，要按照專案特性和時空環境的考量，選擇合適的流程和工具使用。就像有些母雞吃了飼料後會下蛋，但有些母雞吃了飼料後什麼產出也沒有。都是讀一樣的書，為什麼會有差異呢？重點還是在於應用者的經驗和理解呀！

Q3 只有專案經理才需要學專案管理嗎？

我認為也許我們不需要跟專業的一樣厲害，但了解專案管理的概念和一些常見做法，其實對我們自己的工作或人生有很大的幫助，比如說搬家、裝修房子、小孩的學習計畫、旅遊出行，這些其實都是專案，懂得專案管理會讓您的人生更輕鬆。

能幫專案成功的人不多，能讓專案失敗的人不少

之前某大學的領導學程，以「為了台灣的未來」為口號，打算進行一個登山活動，但舉辦活動需要錢，因此他們以群眾募款的方式想籌得資源，卻失敗了。

這件事引起了各方的討論，有人覺得問題在於「自己的夢為什麼要別人買單？」有人覺得問題在於「自詡菁英的口吻」……而個人認為，他們失敗的最大原因是──沒做好利害關係人管理。

很多專案也是這樣，因為漏掉了重要的利害關係人或低估他們的影響力，因此導致結局以失敗收場。

在上述事件中，主要的利害關係人有：

A. 無條件捐錢以支持活動的人

B. 知曉此事但不捐款的人

C. 也在為其他專案募款的人

D. 純粹嫉妒某大學學生的人

一般的募款專案，只要考慮 A 跟 B 就夠了。但因為這所大學的名聲和豐富的資源，掛上大學的頭銜之後，反而造成 C 跟 D 的出現和反彈，而且 D 的數量可是占了絕對多數。

這事件給我們最大的教訓就是：利害關係人通常沒辦法讓您成功，但絕對可以讓您失敗。

專案管理中的角色

在軟體管理框架中，要跑一個專案通常會有四種角色：

1. 專案贊助者 (Project Sponsor)：一位，即給錢支持專案的人，通常

是高階管理者，對專案成敗負政治責任。

2. 專案經理（Project Manager，簡稱 PM）：一位，是實際運行監控專案的人，對專案成敗擔負直接責任。

3. 專案團隊 (Project Team)：人數不一，只要有參與專案的人都算在其中。

4. 利害關係人 (Stakeholders)：人數基本上是數不清的，因為是指除了著手進行此專案的人以外，所有會被這專案影響或對這專案感興趣的人。

　　前三個角色容易明白，但最後一個利害關係人比較難懂，以下將針對「利害關係人」加以說明：

誰是利害關係人？

　　我們假設以「結婚」為一個專案，若要找出利害關係人，可以按照以下步驟進行：

1. 先把所有想得到的人列出來。新郎、新娘、新人雙方父母、新娘的哥哥、新娘的妹妹和阿嬤。

小時候見過一面的表哥阿賢、家族中有威嚴的大嬸婆、喜歡八卦的五阿姨。隔壁鄰居、好朋友、一般朋友、同事、不太熟的朋友。媒婆、公證人、婚宴廠商、花童、攝影師、婚禮祕書。新聞媒體、同一天辦婚禮但彼此不認識的人、路人、社會大眾。

2. 找出專案人員。專案贊助者：婚禮主要是誰付錢？如果是新人雙方的父母，那他們就是專案贊助者。專案經理：婚禮是誰負主要責任？沒意外的話應該是新娘和新郎，但現實中通常是新娘主導就是了。專案團隊：婚禮上誰會實際出手幫忙？公證人、婚禮祕書、花童、攝影師、婚宴廠商、媒婆。其實有些應該算是供應商，但為了簡便，我們就先

把他們通通當作團隊成員。

3. 把所有其他人員分類。依照其他人對婚禮的興趣 (Interest) 和對婚禮影響力 (Power) 的大小分類。

常用工具

1. 預期管理 (Expectation Management)

不管實際或客觀上的結果再好，只要關鍵利害關係人的預期高過結果，對他們來說專案就不算成功。

比如帶另一半去高級餐廳吃飯，只要另一半不滿意，就算花再多錢、吃再好的料理，結果都是失敗的。

所以利害關係人的預期要被了解、溝通和調整，讓他們看到結果時感到驚喜。

因此說穿了，其實到最後，專案的成敗都是以關鍵利害關係人的主觀意見為主。

2. 溝通計畫

訂好要跟誰溝通、溝通什麼、什麼時候溝通。這部分會在後文〈溝通管理 Communication Management〉中詳細說明。

Q1 每個利害關係人都要盡力滿足嗎？

不，利害關係人管理就是經由分類，找出利害關係人的優先級，讓我們可以把時間花在刀口上，而不會陷入要讓每個人都滿意的困境。

Q2 利害關係人只要應付就好嗎？

從利害關係人身上，可以取得對專案成敗很有幫助的觀點和細節，

善加利用可以讓專案更順利，所以應該要用心對待。

$Q3$ 利害關係人的影響力或對專案的興趣不會變嗎？
　　利害關係人的職務變動、目標更改或是資源分配的狀態有異，都會造成影響力或興趣的改變，其變化之大，甚至可以是一夜之間從隔壁老王變爸爸。

　　所以，到底「利害關係人」重不重要？
　　您覺得呢？

5-3 組織影響力 (Organizational Influences)

有人就有政治，政治力也是實力

A 家和 B 家都安排今年要環島家族旅遊。兩家的人數都是 8 個人，旅遊天數都預定一個禮拜，預算也都安排了 20 萬。但，他們的行程跟結果會一樣嗎？

當然不會。

同理，在跑專案時，就算團隊經驗能力、時程、預算都差不多，結果也可能天差地遠。

而造成差異最主要的原因就是——組織的影響。

《晏子春秋》中曾記載著故事「橘逾淮而為枳」，故事提及不同地域的土地孕育出不同品種作物，這充分説明：周遭環境對事物的影響是很大的。

而專案的生長環境，就是組織。

在分析組織的影響力時，有三個重點可以觀察。分別是組織架構、權力關係和組織文化。

1. 組織架構

組織架構就是看看團隊的成員和關係，比如：

A 家旅行成員：祖父母共四位、A 夫婦兩位、讀小學的小孩兩位。

B 家旅行成員：B 夫婦兩位、弟弟夫婦兩位、讀國中的青少年四位。

觀察成員的組成和年紀，就可以大概猜到行程的安排。

如 A 家就會是以看景點、減少走路的行程為主；而 B 家就可能會偏向比較需要體力，甚至是重體力，例如露營之類的行程。

看組織圖時，功能分類、人數、向誰報告 (Reporting Line) 都是觀察重點。Reporting Line，中文翻譯「直屬主管」，也就是由哪一位主管提供指令、成員需要對哪一位主管負責。在日常企業管理中，需要避免「一個和尚挑水喝、兩個和尚搶水喝、三個和尚沒水喝」的情況。

試著端詳專案的組織圖，看看專案從哪裡發起，也可以大略猜到專案的偏向、重要性跟擁有的資源。

下圖為常見的組織結構圖，看得出不同組織的運作模式嗎？觀照一個組織的運作，不只是檯面上的組織架構，也要看清楚檯面下的權力關係。

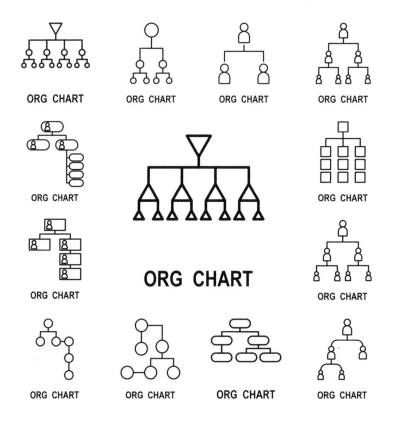

在組織行為學中，一個人有兩個以上的 Reporting Line 都是大忌。因為會出現權責不分與目標衝突的風險。

2. 權力關係

權力關係除了看 Reporting Line，還要觀察隱藏的權力關係——很多權力關係是「看」不出來的。

比如三十年前就跟著老闆起家的老員工、與董事長眉來眼去的總機小妹、喜歡到處串門子的打掃阿姨等，這些人都擁有在組織圖上看不出來的權力。

回到一開始的例子：

A 家雖然長者多，但也可能因為疼愛孫子，結果行程都跑比較受小孩喜愛的地方。

因此，權力關係決定了專案受到關注的程度、可以享受到的資源、由誰來主導專案以及專案的利害關係人有誰。

而組織基本上可以分成三種：

（1）功能導向的組織：按照專業分部門，功能部門主管有絕對的主導權。
（2）專案導向的組織：不同的專業人員編組到同個部門，專案經理有絕對的主導權。

（3）平衡型的組織：團隊成員需同時對 PM 和功能部門主管報告。

3. 組織文化

組織文化是指成員共通的價值觀、習慣、信仰等，不但影響專案偏

向，更關係到專案成敗。如在一個保守怕犯錯的組織，要推行敏捷的困難度就一定比新創公司高。

以最初的例子來說，若 A 家喜歡吃美食，B 家要求住宿品質，他們的偏好就會影響專案的預算分配。同理，組織的文化也會相當程度影響到資金的配置。

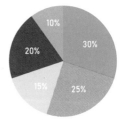

以下是比較常見的衡量組織文化的方法，雖然舉例有點極端，而大部分組織都是在中間分布，但可以藉此觀察所舉的例子比較偏哪一邊：

1. 工作是為了吃飯／工作是為了服務社會
2. 以老闆說的為主／大家要有共識
3. 犯錯是學習最好的方式／不容許有犯錯的機會
4. 讓客戶願意付錢最重要／服務好的話客戶自然會付錢
5. 能力就是一切／有關係就沒關係
6. 主管的存在是為了幫助員工／主管享有頤指氣使的特權
7. 獲利要靠降低成本／獲利要靠創造價值

了解以上組織架構、權力關係和組織文化的影響力之後，我們來依序介紹相關的常用工具：

（1）組織圖 (Organization Chart)

要了解組織，第一步先研究正式的組織圖，並學習怎麼看組織圖。

（2）聊天聚餐

要了解隱藏的權力關係跟組織文化，有意識地從聊天跟聚餐中觀察是最好的方法。

（3）利害關係人分析

知道權力關係後，要按照他們的重要性分別管理。這在前一個部分已經提過了，如果沒有印象，請往前看。

Q1 平衡型的組織架構是最好的嗎？

組織架構沒有好壞，只要能最大化帶給客戶價值就是好的架構。而平衡型架構在很多時候會帶來團隊成員的混亂，因為兩個老闆（部門主管和專案經理）常常會因理念不同而有不同的優先順序和目標。

Q2 組織文化太爛怎麼辦？

組織文化沒有好壞之分，文化就是慣例跟習慣的產物。組織能存活到今天或許就是靠著這樣的文化，不能活下去的文化再多人喜歡都沒有用。但這不代表依靠同樣的文化可以一直生存下去，所以要試著接受目前的文化，並隨環境改變成更適合存活的文化。

組織文化不可能改變嗎？

文化是行為的展現，而行為是想法的展現。只要想法改變，行為就會改變，行為改變就會影響文化改變，再細小的改變日積月累也會變高山。想讓文化改變，講究的是持續發生細微改變，而不要期待一次性看到大變化爆發。

綜上所述，回到一開始的問題：A 家和 B 家的環島家族旅遊，其行程跟結果絕對不同。

但有什麼樣的差異？

這就要一一分析兩家的組成架構、權力關係和家族文化了。

5-4 五大流程群組 (Process Groups)

目標就是北極星,指引著專案的方向

專案管理聖經 PMBOK (*Project Management Body Of Knowledge*) 中,有數十個流程,要一一看過又記得是不可能的。為了容易理解和記憶,PMBOK 把流程分為五個大群組,它們跟專案生命週期有關係。

專案生命週期

專案前期,利害關係者對專案走向的影響大,改動的成本也相對低。而到了後期,利害關係者可以造成的影響越來越小,改動成本也越來越高。

然而要注意的是,對專案走向的影響力變小,不代表對專案成敗的影響力變小,還是有人可以輕易地讓專案失敗。

比如:一家人決定要去旅遊,旅館和行程都已安排好,但大姊突然說非五星級飯店不住。這時,要變動的成本就很高了,除了原訂旅館的訂金會被收取以外,還要負擔更高星級的飯店費用。因此,其他人為了避免損失,基本上會反對大姊的決定,於是大姊只能選擇接受住原訂的飯店或乾脆不參加旅遊。而其中最重要的是,原本旅遊的目的是增進家人間的感情,但由於沒有滿足大姊的需求,可能大姊從此以後就不參加家族旅行,甚至減少與家人的聯絡,這就使原本讓家人聯絡感情的目標失敗了。

產品的每個階段都會重複一次五大流程群組。

五大流程分別是「啟動」、「規劃」、「執行」、「監控」和「結束」。

每個流程群組包含了數個流程，這些流程我不建議特別去記誦，只需要知道概念就好了。

概念有點類似管理循環 PDCA（Plan-Do-Check-Act，循環式品質管理，針對品質工作按規劃、執行、查核與行動來進行活動，以確保目標之達成，並進而促使品質持續改善）。

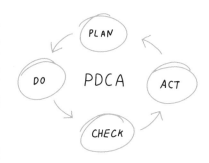

一個專案可以只是一個階段就完成，而大的專案可能會切成好幾個階段 (Phases)，通常專案中期的人力和成本是最高的。

如果延續家族旅遊當例子，在五大流程會發生這些事情：

1. 目標設定

有目標才有方向，沒有目標或太多目標就沒辦法凝聚共識。

目標一定要控制在三個以內，並要列出優先順序，而且要符合 SMART 原則：Specific（明確的目標）、Measurable（可衡量、量化的數值）、Attainable（可達成的目標）、Relevant（和組織、策略相關的）、Time-based（有明確的截止日期）。

很多人會說玩就是目標，但玩可以是為了休息、體驗不同生活、聯絡感情、認識不同的人等等，不同目標會產生不同的行動計畫。

2. 商業提案

所有的專案都要符合成本效益。也就是問問自己：專案創造的產品、服務和結果，值得我們投入時間和精力去做嗎？

Q1 目標不可以改嗎?

其實只要贊助者同意,目標是可以改的。

當然,每改一次目標,讓團隊重新聚焦就要再花些時間,這是要注意的。

Q2 計畫不可以變嗎?

如果我們可以控制颱風不要來、人不要生病,計畫當然可以不變。可惜我們不是神,環境變了、狀態變了,計畫自然要改。但改計畫一定是痛苦的,特別是已經耗費了很多的時間和心力在準備工作和流程中。這也是為什麼,在經常變化的環境中會流行用敏捷式專案管理。因為敏捷式的方法講求用短時間的迭代,避免花過度時間做一定會改變的計畫。

雖然如此,但訂定中長期目標當作方向,還是必須的。

Q3 商業價值一定是錢嗎?

錢一定是商業價值,但商業價值還包含除了錢以外的事情,比如說降低風險、提高知名度、提高留任率、提升客戶滿意度,儘管最後結果都會影響營收,但就專案本身目標不一定只能是錢。

5-5 九大知識領域 (Knowledge Areas)

專案就像是由九條繩子所編織成的一副網，牽一髮動全身

上篇文章我們提到：專案管理聖經 PMBOK 裡有五大流程，而這邊我們要進一步討論的，是 PMBOK 裡把專案管理相關知識整理成的九大領域。

剛開始，我會對其複雜度感到吃驚，但深入後會發現——其實很多都是我們平常就在做的事情。

因此我很佩服 PMI 可以把這些東西整理得很有系統。

No.	知識領域	說明	舉例
1	Integration 整合管理	協調所有的流程，決定輕重緩急。	對預算和旅行計畫取得共識。照計畫旅行，並監控，需要時做修正。
2	Scope 範圍管理	可分為產品範圍和專案範圍，應該包含和不包含哪些東西，讓專案可以剛剛好到達目標。	確認停留的地點和會玩的活動。
3	Time 時間管理	讓專案在指定時間內完成。定義活動、活動排程、活動時間和資源的估計、控制時程。	確保大家在七天後平安回到家。
4	Cost 成本管理	讓專案在授權的成本內完成。成本估計、預算與控制。	確保預算保持在二十萬以內。
5	Quality 品質管理	讓產出符合顧客的期待。經由品質規劃、品質確保、品質控制。	了解大家對行程的期望，管理大家的期望和調整行程符合期望。

No.	知識領域	說明	舉例
6	Human Resource 人力資源管理	讓團隊可以達成專案目標。藉由人力規劃，取得團隊、提升團隊能力，和管理團隊。	安排開車的人，注意他們的精神狀況，如果路不熟便提供 GPS。
7	Communication 溝通管理	讓對的資訊在對的時間傳達給對的人。溝通規劃、資訊分發、成效報告、利害關係者管理。	行程通知和確認。每天重複宣布當天行程。管理大家的期待。
8	Risk 風險管理	提高好事發生的機率，降低壞事發生的機率。風險管理規劃、風險識別、風險分析、風險反應規劃。	注意天氣、路況。買旅遊保險。準備建議藥品。
9	Procurement 供應與採購管理	購買或取得團隊沒有的資源。	飯店、導遊、當地腳踏車、餐廳。

以上，我們可以再次運用先前提過的環島家族旅遊例子。

人數都是 8 個人，天數預定一個禮拜，安排了 20 萬的預算。那您會如何套用到各個知識領域呢？

Q1 —一定要照專案管理聖經 PMBOK 的流程跑嗎？

第一，PMBOK 完整流程是給大專案用的，小專案不需要完整的流程。

第二，PMBOK 在每個知識領域都會做個免責聲明：每個知識領域在現實中會互相重疊和影響，但太多細節要考慮了，所以請依據專案情況自行調整。

我的建議是：流程不重要，先有自己的一套流程，有需要時再加入調整就好。

Q2 知識領域之間有關聯性嗎?

九個知識領域比較像是九條繩子,而專案就像是由九條繩子所編織成的一副網,拉扯任何一條繩子,都會致使網的形狀改變。就像我們只要更改任何一個知識領域的內容,比如說人員從 5 人變成 6 人,所有知識領域也都可能會連帶影響變動,所以都需要重新檢視一次。

Q3 有哪一個知識領域特別重要嗎?

如剛剛的比喻,專案就是知識領域編織成的網子,所以都很重要,如果沒有注意到其中的盤根錯節而輕易地改換,就容易被網子纏住。所以專案經理通常注重的是全才而非專才的能力,必須看著全局的網子如何動態變化,

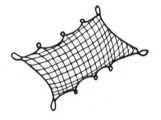

思考應該如何調整,而不是只熟悉或關注其中某一條繩子。

5-6 整合管理 (Integration Management)

專案經理的核心職能是整合力，不是接線生

很多人都認為專案管理聖經 PMBOK 是沒辦法直接應用的，我也這麼認為。特別是書中的流程是分開說明的，實際應用時，流程間更是有千絲萬縷的關聯性，無法完全獨立區分。

而 PMBOK 為了讓不同種類的流程有個中心主軸，讓各流程有互相溝通的地方，就有了整合管理這一群組。

整合管理也是我在讀 PMBOK 的時候最痛苦的章節，因為比起其他部分，整合管理是非常抽象的。

舉例來說，整合管理類似船長，船長可以決定要往哪個方向前進，並且要以多少的速度航行；而其他的流程群組就像是船員，執行掌舵和輪機等行動。沒有船長，船就沒有方向；沒有船員，船就沒辦法航行。

假設現在我們有個專案，內容是要用船把一櫃貨物運送到香港。

No.	流程	說明	舉例
1	Develop Project Charter 產出專案章程	展開專案章程並取得授權，重點要放在專案的效益。	船長獲得船東的許可，可以出港。
2	Develop Preliminary Project Scope Statement 產出初步專案範圍說明書	展開初步的專案範圍說明書，說明大致的範圍。	從高雄到香港的航行計畫。
3	Develop Project Management Plan 產出專案管理計畫	如何讓各種計畫互相協調的專案管理計畫。	如何溝通、如何安排人力等等的計畫。

No.	流程	說明	舉例
4	Direct and Manage Project Execution 指導及管理專案執行	執行專案管理計畫以達成專案範圍說明書的目標。	按照航行計畫開船，並按溝通、人力等計畫實施。
5	Monitor and Control Project Work 監視和控制專案工作	監控所有的流程以達成專案管理計畫中的績效目標。	24 小時有人值班，監控雷達、天氣預報和引擎狀況，有問題馬上回報船長。
6	Integrated Change Control 整合變更控制	審查所有的變更需求，批准變更和控制變更。	所有對航向和速度的變更要由船長同意。人力排班由大副同意。
7	Close Project 結束專案	正式結束專案。	船回港下完貨，纜繩繫好，船長跟船東通知安全靠港。

常用工具

1. 把目標視覺化

有時我們會落入「為了做而做」，盲目地遵循計畫，卻忘了最終目標是什麼。

2. 應該要將目標放在最明顯的地方。現地現物 (Go And See)

文件並不能詳盡記錄所有事情，很多事物一定要實際到現場看才能被發現。

3. 時間管理矩陣 (Urgency VS. Importance Matrix)

又稱為「艾森豪矩陣」(Eisenhower Matrix) 或稱作「優先矩陣」(Prioritization Matrix)，屬於一種工作分類的概念，依照重要性 (Important) 與急迫性 (Urgent) 的程度將工作分為四類，了解並認知事情的輕重緩急，抓大放小。

5-7 範圍管理 (Scope Management)

敏捷就是先決定期限，再決定範圍

傳統的 PM 只管專案，不管產品，所以產品好不好，基本上是產品經理的事。

專案範圍 (Scope) 可以細分為產品範圍 (Product Scope) 和專案範圍 (Project Scope) 兩項。產品範圍即完成的產品、服務或結果，需要的特性 (Features) 跟功能 (Functions)；而專案範圍則是指要完成產品範圍需要做的工作。專案管理聖經 PMBOK 中也把範圍管理局限在專案範圍。

但敏捷開發團隊是以「產品」為主，怎麼能不管產品好壞呢？所以在敏捷開發中談範圍，首先要找出產品需要的特性 (Features) 跟功能 (Functions)，再來才談要完成需要哪些工作。具體事項會呈現在 PO 負責的產品待辦清單上面的項目，和開發團隊負責的短衝待辦清單上的工作。

所以成功的範圍管理會問：「要創造成功的產品、服務或結果，需要什麼功能或特性？」以及「要完成這些功能或特性，需要哪些工作？」此外，也要控制好團隊只做這些工作，要把時間花在刀口上。

工作分解結構 WBS —— Work Breakdown Structure

從上到下，拆解完成一個專案所需的功能和工作。

以吃晚餐這件事為例，假設家裡有媽媽、爸爸、小明、小莉四個人。

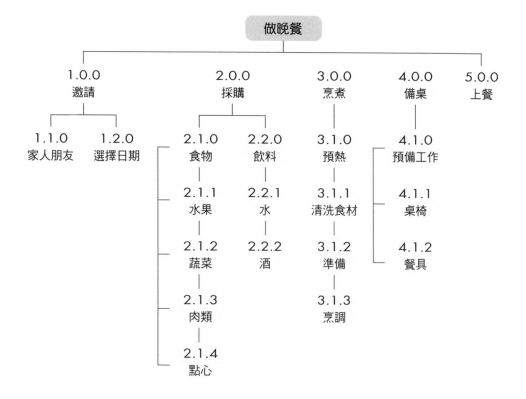

範圍管理流程 (Scope Management Processes)

No.	流程	說明	舉例
1	Scope Planning 範圍規劃	產出如何定義、確認和控制專案範圍的計畫。	訂出規則：晚餐要吃什麼由媽媽提出。不同意的人就換他煮。分量以吃得完、不留隔夜為原則。
2	Scope Definition 範圍定義	產出專案範圍說明書。	媽媽說晚餐是蔥花蛋一盤、麻辣豆腐一盤、空心菜一盤、白斬雞半隻、白飯四碗。
3	Create WBS 產出 WBS	產出工作分解結構 (Work Breakdown Structure)。	買食材：蛋一打、蔥一把、空心菜兩把、麻辣豆腐跟白斬雞外帶。煮飯：煮白飯、洗菜、煮蔥花蛋、炒空心菜、加溫麻辣豆腐。吃飯：每人一碗白飯，菜擺盤子上，放餐桌中間。洗碗：4個盤子、4個碗、4雙筷子。

No.	流程	說明	舉例
4	Close Project 結束專案	讓範圍被正式接受。	媽媽提出的晚餐內容大家一致通過，因為沒人想要煮。
5	Scope Control 範圍控制	控制專案範圍的變更。	媽媽買菜時發現蔥太貴了，把蔥花蛋變成煎蛋。又接到電話説爸爸要加班不回來吃，就不買麻婆豆腐，剩下來的菜和飯給爸爸隔天帶便當。

常用工具

1. 排序：把功能和特性需求從 1、2、3、4、5……照重要性順序排列下來，然後按照順序施工。這個方法很簡單、很有效，但沒多少人做。

　　要記得，當所有的工作事項重要性都是「非常重要」，代表每件事都「一樣不重要」。

2. 莫斯科分析 (MOSCOW)：把想到的功能和特性，依重要利害關係人分類。

    (1) Must Have：一定要有，沒有的話產品不可能上線發布。

    (2) Shall Have：最好要有，但沒有也可以上線。

    (3) Could Have：可有可無。

    (4) Won't Have：一定不會有。

3. KANO 模型：依照使用者的需求區分。

    (1) Basic，基本型需求：「怎麼可以連這都沒有」。

    (2) Performance，期望型需求：「應該要有」。

    (3) Excitement，魅力型需求：「居然會有」。

    　　隨著時間的推移，一個需求會從「魅力型」變成「期望型」，最後成為「基本型」。

4. INVEST 原則：每一個要開工的產品工作事項 (Item) 要符合 INVEST 原則。

（1）Independent：夠獨立。

（2）Negotiable：凡事皆可談。

（3）Valuable：有價值。

（4）Estimateable：可估計。

（5）Small：夠小。

（6）Testable：可以被驗證已做完。

5. MVP (Minimum Viable Product)，最小可行性產品：投入最少的資源，用最短的時間，把產品推到市場上，盡快取得使用者反饋來決定下次應該推出的功能。

Q1 範圍一定不能改嗎？

在一般專案中，時間、經費、人力等等因素都比較難變動。反而範圍是最容易，也最應該被討論和修改的。

Q2 多做多好嗎？

做出超過的範圍，專案術語稱為幫專案鍍金 (Gold Plating)。

越多越好？這是錯誤的認知，成果要滿足使用者和利害關係者的期望，但不是做超出專案所需要範圍的工作，做超過的部分會是浪費。

Q3 工作分解結構越詳細越好嗎？

拆解到團隊成員看得懂並且能使用即可，在敏捷式專案管理的話，只有即將要做的事項才會拆解得更細。實務上需要小到可以隨著時間看到事項在看板上狀態的流動，比如兩天內可以從進行中流動到已完成。如果看到流動性很低，也許是該事項太大了。

5-8 時間管理
(Time Management)

什麼都重要，代表什麼都不重要

時間不足大概是每個 PM 都有的困擾。很不幸的，專案管理聖經 PMBOK 中的提到的時間管理，並不會如魔法般讓時間增多。

專案時間管理跟一般日常的時間管理有點區別。一般的時間管理講究的是優先順序和輕重緩急，這些在專案中是由整合管理來處理；而專案中的時間管理，討論的是如何在既定的時間內完成專案，例如找出需要做的活動、將活動排程、管理時程等。

一個稱職的 PM 在已經盡力安排，但進度仍沒辦法趕上時，應該要參照專案管理金三角 (CSSQ)，去協調並嘗試改變範圍 (Scope)、成本 (Cost)，或爭取充裕的時間 (Schedule)。而在敏捷專案管理中，是把時間這最重要的資源保持不變 (Time Boxed)，進而把範圍 (Scope) 當作最具有彈性的變項，在固定的時間內爭取產出最大的價值。

舉例來說，如果我們把小明的一生當作一個專案，用時間管理來分析：出生、讀幼稚園、讀小學、讀中學、讀大學、工作、創業、退休、交女朋友、結婚、生小孩、養小孩。

Dependency

有些活動有先後關係。如上述的例子中，要讀中學就必須先讀完小

學，這時我們就會說讀中學要依靠 (Dependent on) 讀小學。

把各個活動間的相依性找出來是很重要的，但有時我們會被一般觀念限制住，比如上大學才能交女朋友。

找出這些假性限制，多發展一些可能性，對順利完成專案是很重要的。

Milestone

有些活動重要性和代表性遠高過其他活動，那我們就會把它當作里程碑，來看看跟自己規劃的差多遠。延續上述例子，如大學畢業、結婚、生小孩、創業、退休。

滾動式規劃 (Rolling Wave Planning)，也叫湧浪式規劃

這應該是專案管理聖經 PMBOK 裡最接近敏捷的一個字。用逐步精進 (Progressive Elaboration) 的方式，把近期要做的事情規劃得比較詳細和具體，而比較遠期的事情就保持大略和抽象就好。

如小明在 12 歲時，近期需要思考的可能是國中要怎麼念才會對未來最有幫助，為此他訂出具體的讀書計畫；至於結婚或讀大學，是比較遠期的事情，在 12 歲當下，想再多的細節都是浪費時間而已。

Schedule Compression

在不改變專案範圍的前提下，讓整體專案的時間長度縮短。有兩個常見做法：

1. 趕工 (Crashing)

簡言之就是花錢買時間。

以上述例子來說，即為了減少自己找女朋友的時間，小明決定只要有人願意與他結婚，不但不用嫁妝，還送一棟房子給對方。但要注意，

有時雖然專案時間縮短了，目標卻沒有達到。承上例，比如原本要找愛您的人結婚，現在結婚對象卻變成愛錢的人。但當然，如果目的只是跟「人」結婚，那就無所謂了。

2. 抄捷徑 (Fast Tracking)

把原本依序 (Sequence) 進行的活動改為同時 (Parallel) 進行。半工半讀就是最好的例子，或是上述例子中的小明可以邊讀大學邊生小孩。

通常 Fast Tracking 伴隨的代價是風險升高，在還沒到時機就先進行，失敗或重工的機率會高一些。

但回到敏捷的精神——了解風險後，想做就去做吧。

Project Schedule

這是一個專案時程的範例，可以看到有把里程碑、每個活動、活動的相依性和長短顯示出來。

1. 類比估算法 (Analogous Estimatimg)

假設我們很想結婚，要預估一下自己結婚的年紀。

類比即是從過去類似的經驗來判斷，比如詢問長輩、親戚、朋友大約在幾歲結婚，詢問後參考這些經驗訂出自己的估算。

2. 專家判斷法 (Expert Judgement)

找最專業的人來判斷。比如到戶政事務所詢問，所居住的縣市或鄉鎮市區的人平均幾歲結婚，以獲得的數據作為估算依據。

3. 三點估算法 (Three Point Estimates)

考慮不確定性與風險，提高活動期程估計值的準確度。

（1）Most Likely，最有可能的情況：

問到的平均結婚年齡是 32 歲。

（2）Optimistic，最好的情況：最早是 19 歲。

（3）Pessimistic，最差的情況：不結婚。

4. 預留分析 (Preserve Analysis)

預留緩衝的時間來應對風險。

如原本規劃 30 歲結婚，但考慮到自己延畢兩次（大學加上研究所），於是跟爸媽說打算 32 歲結婚。

Q1 整個人生都規劃到細節了，這一生也就過完了吧？

滾動式規劃才是最適合當前多變環境的方法。

在敏捷中，甚至只有接下來 1 週到 1 個月之間會做的事，才著手進行細部的規劃。

Q2 都遇到夢中情人了，還要跟著計畫走嗎？

假設原本想要 30 歲結婚，但遇到慣性劈腿的對象，難道還要堅持結婚嗎？

Q3 走一步看一步，長期規劃就不用做了嗎？

不是不做「長期規劃」，而是不用做「長期細部規劃」。

長期規劃是個目標指引，對導引專案方向很重要。

比如小明對某個領域有熱情，高三選填志願時就可以選擇相關的大學科系就讀。

5-9 成本管理
(Cost Management)

節約成本的前提是要保持品質不變甚至提升

後來我們會發現一個很重要的事實——預算有限。但要怎麼讓每一分錢都花在刀口上呢？

PMBOK 中，成本管理談的是如何讓專案在被授權的金額內成功完成。不僅如此，還要考量專案完成後，產出的產品、服務和結果，以及在使用、維護和支持上的成本，這也稱為生命週期成本法 (Life Cycle Costing)。

雖說成本管理很重要，但真正的專案管理應該要注重價值 (Value) 遠大於成本 (Cost)，Cost Down 到最後就是變成跟台灣的公共建設一樣，由最低價值得標，然後一直壞、一直修修補補。然而這樣都還算好，最差的是變成蚊子館，連修修補補都不用。沒人用的東西，花一塊錢都是浪費。

精確度要求 (Order of Magnitude)

在不同的時間點，對成本的估計有不同的精確度要求。隨著時間的推移，成本估計應該越來越精準。如專案起始階段，我們對成本的把握

度有 -50% 至 +100% 的差異，而到開始執行時，把握度升高到 -10% 至 +15% 的差異。

　　回到問題本身，目前我個人非常推薦的成本管理常用工具有下列幾項：

1. 投資報酬率 (Return On Investment, ROI)

　　投入後的回報除以投入的成本。如果沒有大於一，就表示虧本了。就算大於一，也要把時間和機會成本納入考量。

2. 類比估算法 (Analogous Estimating)

　　問問周遭有經驗的人，大概的成本約是多少，再依此去做推估。

3. 參數估算法 (Parametric Estimating)

　　利用已知的參數來估算成本。

4. 儲備分析 (Reserve Analysis)

　　分析要準備多少儲備金才不會週轉不靈。

5. 表現測量分析 (Performance Measurement Analysis)

　　以目前專案的進度獲得的價值是多少，來判斷專案的完整度。

Q1 控制成本就是要讓成本不變動嗎？

　　控制的意義是，在完成目標的前提下，要怎麼樣分配讓每分錢都用在刀口上。通常是總數保持，但細項變動。管控細項過嚴，後果就是逼大家買發票做假帳。

Q2 成本越低越好嗎？

　　建構時低成本可能帶來營運時的高成本。而且重點要放在收入而非支出。正確觀念應該是，在相同預算內，讓價值越高越好。

Q3 有預算就要花完？

　　如果可以用更少的錢達到相同的目標，這就展現了自己的能力。有錢就要花完這個是官僚的概念，如果組織內有這種情況，也許要注意是否在懲罰節省預算的人，比如以預算執行率來看成效，就會造成把預算隨便花完這種濫銷經費的行為。

5-10 品質管理
(Quality Management)

對顧客來說，品質是一種感受而不是數字

回到專案管理聖經 PMBOK 中對品質的定義，所謂的品質好就是專案產出的產品、服務或結果，符合使用者的期待。

有趣的是，如果我們提供高於顧客預期的產品呢？那最好能以後都提供一樣好的產品，因為這次好的品質會提高客戶的預期，所以當回復原本的品質時，顧客感受到的是品質下降，反而讓他們不滿意。所以品質講究的是穩定性，讓品質維持在一定的區間。

因此，顧客滿意度最常用來反應品質的變動，但滿意度的取得通常緩慢而且還容易被周遭環境影響。所以也可以用更具體客觀的方法來反應滿意度，如客訴次數或回購率。

Kaizan/Continuous Improvement

持續改善是品質管理很重要的核心。顧客的期待會隨時間提高，主要是因為人性求新求變和廠商的相互競爭。沒有一直追求改善的組織，會被市場淘汰掉。

而改善靠的不是一味 Cost Down，而是找出更有效率的方法，在不影響品質的情況下降低成本。

Quality Circle

有效的改善來自於對實作和現場的了解。誰最了解實作和現場呢？當然是第一線的人員。

品質圈就是讓第一線的人員，定期聚會討論如何改善。Scrum 中的 Retrospective 就是同樣的概念。

停止生產線 (Stop the Line)

鼓勵大家，當問題或瑕疵發生時，離開並停下手邊的工作，找出問題發生的原因，避免之後問題的發生。

短期來看是會降低產出，長期來說因為潛在問題點減少，讓產出更穩定，減少瑕疵品，從而降低成本。

Jidoka/Autonomation

我一開始以為是自動化，其實是完全相反的意思。自動化是讓系統在問題發生時，自動停止生產線，所以瑕疵品不會被持續地製造出來，也就是停止生產線概念的延伸。

1. 標桿分析法 (Benchmarking)

    跟自己或業界的標準比較，讓大家知道進步的目標在哪。

2. 魚骨圖／因果圖 (Cause and Effect Diagram)

    找出和分析瑕疵發生的原因。

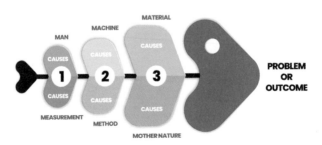

3. 80/20 分析 (Pareto's Law 80/20)

　　從最常發生的瑕疵開始改善，因為 80% 的事故都是由 20% 的原因造成。只要解決這 20% 的原因，就減少了 80% 的事故。

4. 流程圖 (Flowcharting)

　　列出流程步驟，讓過程視覺化幫助了解和分析。

5. 成本效益分析 (Cost Benefit Analysis)

　　因為改善是一輩子都做不完的，所以要找目前最能創造的最大效益、花費最低成本的改善方案來做。

5-11 人力資源管理 (Human Resource Management)

公司只能給權限而無法給尊重，尊重要靠自己獲得

我個人認為專案最關鍵的元素是團隊，也就是人，因為團隊是由個人所組成的。

但關於人力資源管理的章節，不知道為什麼被專案管理聖經 PMBOK 放到那麼後面。對此，我猜測是由於流程導向的思維，就是要把人的變異性降到最低，讓每個人都變成高可取代性，那人員重要性就不高了。

然而就我自己的經驗，將人員變異性降低這點在軟體開發上是不太可能發生的，所以要是我來排的話，絕對會把人力資源管理放在第一順位來討論。

有關係就沒關係，Networking

連專案管理聖經 PMBOK 裡也説建立關係很重要，如吃飯、聊天、聯絡感情，別再説只要專心工作就夠了。但絕對不是只有吃吃喝喝聊八卦，而是藉由對談，互相深入了解個性和價值觀，建立默契。

我看過績效強的團隊，向心力都很高、有默契、價值觀契合，所以團隊裡的私交都不錯。把工作跟生活分得清清楚楚的團隊，績效最多也

就是還過得去，但跟績效強的團隊還有好一段差距。我個人的解讀是，工作跟生活分很開的人，應該是自己的價值觀跟組織差異太大。因為在工作上強迫自己戴上另一副面具，跟真正的自己差太遠，所以一下班就趕緊切得乾乾淨淨，要不然壓力太大可受不了。

Ground Rules or Working Agreements

國有國法、家有家規的概念。工作規則就是團隊中人人都要遵守的一條規矩。在 Scrum 和敏捷開發中也有相同的概念，就是工作協議 (Working Agreements)。跟工作規則 (Ground Rules) 最大的差別是，工作協議是由團隊自行討論和決定的，並且要靠團隊自覺去遵守。

Co Location

讓團隊都在同一個地點工作，面對面的溝通也是最有效率的溝通。而必須遠距離協助的團隊成員，也要盡可能在專案初期就安排在同一地方工作一陣子，這是因為見面三分情，對之後的默契和協調都會很有幫助。

1. 組織架構和影響力分析

可以參考本章第 3 節〈組織影響力〉。

2. 教育訓練 (Training)

訓練的模式有很多種，講課只是其中一種，上機實作、分組討論、分享會都是蠻有效的做法。訓練的重點要放在如何驗收訓練成果，有些可以短期看出結果（如工具使用的熟練度），有些要靠長期觀察（如服務客戶技巧），但都要長線追蹤來判斷訓練是否有效，並作為之後教育訓練的參考。

3. 團隊凝聚活動 (Team Building Activities)

很多人以為這就是做些團康活動，大家開開心心交際就好了。但其實差很多，一個成功的團隊凝聚活動，要可以創造體驗、提出反

思，進而改善工作上的方法和流程。

4. 觀察和交談 (Observation and Conversation)

　　這件事很基本，但很難做好。觀察和交談的能力是需要鍛鍊的，同時也是一個稱職的資深人員、管理人員和 SM 的必備技能。

5. 視覺化專案進度 (Visualization of Project Status)

　　讓團隊一目了然現在專案的情況、遇到的困難、現狀和目標的差異。

6. 衝突管理 (Conflict Management)

　　利用「湯瑪斯—基爾曼衝突解決模型」(Thomas-Kilmann Conflict Mode Instrument, TKI) 來分類和管理衝突。台灣文化偏向鄉愿，認為衝突是不好的。往往只迴避衝突，但其實衝突應該是個互相了解和學習的好機會，可以善用衝突。此外，衝突指的是想法上的不同，而不是肢體上的打架。

Q1 我沒有權力，所以沒人聽我說的話，怎麼辦？

　　尊重是自己贏來的，不是別人給的。實質影響力比職銜重要，而影響力的先決條件是信任而不是權力，如何讓團隊信任我說的話跟提出來的建議，比用權力強迫他人聽話重要得多。

Q2 人和就是保持皇城內的和氣嗎？

　　人和不是鄉愿。鄉愿是避免衝突，而人和是鼓勵觀念的交流，讓大家的思想觀念得到整合。還有，衝突跟搞政治不同，衝突是對如何讓團隊更好有不同想法，搞政治是如何讓自己更有利。

Q3 換個人影響不大，誰來做都差不多，怎麼辦？

越是技術密集或是知識密集的專案，換人的影響就越大；反之如果是勞力密集或是資本密集，換人的影響就比較小。

5-12 溝通管理 (Communication Management)

時間長不代表有溝通，過度溝通好過溝通不足

溝通是專案中最重要，但最不被重視的事情。

有效的溝通可以提前發現問題，避免問題的發生，讓成員分享資訊以獲得學習。在專案管理聖經 PMBOK 中說到，溝通是專案經理最繁重的工作，形形色色的溝通會占掉專案經理大約 80% 的時間。而在敏捷和 Scrum 中，溝通的工作是 Scrum 團隊每個成員都要負擔的責任。

這有點學術，可以參考底下內容。不想細讀也沒關係，只要記住這則溝通鐵律：「別人所理解的跟您想說的，不可能 100% 一樣。同理，您理解的跟別人想告訴您的，也不可能 100% 相同。」

舉例來說，當我們嘗試要表達想法時會很緊張，就可能漏講一些內容（編碼 Encode 不完整），傳送過程又有雜訊（Noise 周圍噪音、分心），別人收到後因經驗不同而誤解（Decode 解碼不同）。我們能做的只有讓自己表達清楚，減低雜訊，用對方可以理解的方式來溝通，盡可能減少失真。

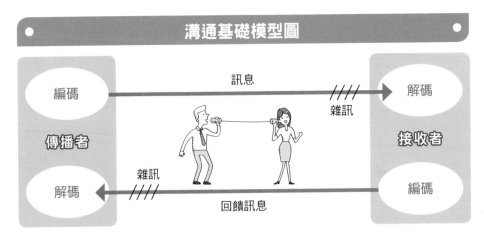

溝通基礎模型圖

有效率的溝通方法

根據 Cockburn 的研究，最有效率的溝通方法是面對面加白板。從最高到最低分別是：面對面加白板、面對面、視訊、電話、錄影、Email、錄音、紙本。那我們有多常用面對面的溝通和白板呢？這也是之前人力資源管理提到，最好讓團隊在同一地點的原因。

更糟的是，沒效率的溝通方式，如文件和 Email，還往往是我們溝通的第一選項。

1. 利害關係人分析 (Stakeholder Analysis)

可以參考本章第 2 節〈利害關係人〉。

2. 會議

會議是最常用來同步資訊的方法，而會議中通常會討論以下事情。

（1）回顧：在過去的這段時間，我們達到什麼成果？

（2）規劃：在接下來的這段時間，我們要達到什麼成果？有什麼行動方案？

（3）反思：在過去的經驗中，我們有學習到什麼？有什麼方法和流程是我們可以改善，並在接下來這段時間應用的？

發生頻率通常至少每週一次，每個月都會有月總結，整年度再看一次。也有公司舉辦季度或半年會議，可以先從密集一點開始，再把沒有效率的會議刪除。

控制會議時間很重要，最好的方法是準時開始、強迫結束，幾次後大家就會說重點了。

a. 日會：15 分鐘內。對團隊成員交換訊息很有幫助。

b. 週會：1 個小時內。

c. 月會：3 個小時內。

3. 溝通三寶：筆、白板、便利貼

在所有溝通模式中，面對面使用白板溝通，不管是溝通的有效性

和資訊的豐富性都遠勝過其他方式。而用紙卡和便利貼寫 Item 的好處是，只能寫重點，而且有實體拿在手上，能讓大家容易排序和交換討論，對話的機會比起投影機上冷冰冰的感覺提升不少。如果有用視覺化的看板，更會覺得實體的看板比電子看板要有溫度多了。

　　想想也真有趣，開發科技產品，最有效的方式竟然是回到紙、筆和面對面的溝通。

Q1 他沒救了，我怎麼講對方都聽不懂，怎麼辦？

　　說的人要負責講聽眾聽得懂的話，聽者沒辦法理解的話，表示自己專業知識或溝通技能還不到位。

Q2 永遠都要用最高效的方法溝通

　　每個溝通方法都有成本，而通常越高效的成本就越高，比如說面對面溝通最為高效，同時需要安排的時間和見面的成本也越高。所以盡可能選擇合適的方法就好了。

Q3 有需要再溝通就好

　　我認為溝通這件事是過度好過於過少，有個說法認為就是要過度溝通 (Over Communicate)。因為過度溝通可以增加信任，隨著信任增加可以視情況建設溝通頻率；而溝通不足會傷害信任，再建立信任就比較難了。

5-13 風險管理 (Risk Management)

風險隨時都在，出門就是一種風險

通常我們聽到風險兩個字，都會認為是發生負面或不好的事情。其實在專案管理聖經 PMBOK 中，風險是個中性的字眼，代表的是不確定性，而不確定性有可能帶來好處跟壞處。專案管理的藝術就是把壞事發生的機率盡量降低，而把專案發生好事的機率盡量提高。

換句話說，高風險代表可能會帶來高度的利益和損失，低風險則是會帶來輕微的利益或損失。而我們的焦點要放在高風險的對策上。

假設 (Assumption)

「假設」在傳統專案和敏捷專案管理中都是很重要的概念。假設就是所有我們猜想的事情，而隨著專案進行，要優先證實或推翻會對專案帶來最大影響的假設。

就像對於開車出門會不會塞車這件事，我們可以假設不會塞車或會塞車。其檢核 (Verify) 假設的方法就會是去看看 Google Map 上的紅線。

正面風險處理 (Positive Risk Treatment)

Positive Risk 又稱為機會 (Opportunity)

1. 利用 (Exploit)：利用消除正面風險的不確定性，確保機會一定能夠降臨。

2. 分享 (Share)：跟其他人分享機會發生時的好處。

3. 提高 (Enhance)：辨識出增加機會發生的關鍵動因，並且提高它的發生機會，或發生時的好處。

4. 接受 (Accept)：若是機會來了會願意接受，但是不會主動去做任何改變。

負面風險管理 (Negative Risk Treatment)

Negative Risk 又稱為威脅 (Threat)，負面風險的回應策略有 4 種：

1. 避免 (Avoid)：確保威脅不存在，也就是迴避風險發生的可能性。
2. 轉移 (Transfer)：找其他人一起分擔威脅發生時的損失。
3. 減輕 (Mitigate)：減少威脅發生的機率，或造成的損失。
4. 接受 (Accept)：不做任何改變。

常用工具

1. 機率與影響矩陣 (Probability and Impact Matrix)
   是一種將風險發生機率和造成影響視覺化的工具。
2. 優勢劣勢機會威脅分析 (SWOT Analysis)
   能用以分析機會與威脅的工具。
3. 五個為什麼 (5 WHYS) (Root Cause Identification)
   找出問題根本原因的方法。
4. 決策樹 (Decision Tree)
   分析和找出要採取的對策。

5-14 採購管理 (Procurement Management)

對供應商苛刻就是對自己的未來苛刻

採購管理裡面最重要的議題，即是採購的產品是否有解決到問題、符合我們的期待、達到專案成果。

在專案管理聖經 PMBOK 中，對採購管理的定義是：取得或購買完成專案所需，但專案團隊無法提供的產品、服務或成果。

在傳統專案管理中很注重合約的簽訂，在合約中會清楚定義需完成的事項（範圍）、時程、金額、雙方的權利義務、約束和懲罰條款。此處指的合約並不限於公司和公司之間的商業合約 (Contract)，也可以引申為專案團隊和公司內部其他部門的協議。

而在近年開始風行的敏捷合約，則是依照敏捷的特性，一般不約定固定的範圍，而是按照時間與材料計價。

1. 自製或採購分析 (Make or Buy Analysis)

在專案的範圍和成本內，分析所需的產品或服務，是由專案團隊自製比較有利，還是對外採購比較有利。

2. 專家判斷 (Expert Judgment)

如果團隊沒有所需的知識和經驗，會建議邀請具有相關知識與經驗的專家來參與討論提供建議。

3. 利益交換

可以談判的條件並不限於金額，也可以從時程（用時間換空間）、影響力（被我們使用後的正面效應）等不同面向來談判。如果對口是內部，也可以交換手上的人力、物力、資源。身為專案經理，手上的資源都要可以有效地對專案有幫助，所以不能平白無故給予別人。

4. 績效評量 (Performance Review)

針對供應商所提供的服務或產品，舉辦定期的評量。

5. 合約 (Contracts)

5.1 固定金額型 (Fixed Price Or Lump Sum)：這個很常見，約定固定的金額和需完成的範圍和時間。

5.2 成本可償還型／實報實銷型 (Cost Reimbursable)：由買方支付賣方生產所需要的成本，再加上一定金額的收費（也就是賣方的利潤）。通常有以下的分類：

5.2.1 成本加費用型 (Cost Plus Fee, CPF; Cost Plus Percentage of Cost, CPPC)：買方支付賣方的成本，然後依據最終成本所計算的比例收費。

5.2.2 成本加固定費用型 (Cost Plus Fixed Fee, CPFF)：買方支付賣方的成本，再加上一個固定金額的收費。

5.2.3 成本加激勵費用型 (Cost Plus Incentive Fee, CPIF)：買

方支付賣方的成本，再依結果或品質支付激勵獎金。

5.3 時間與材料型／論件計酬型 (Time And Material, T&M)：通常不規範所需完成的範圍，而是依照花費的時間和材料收費。

Q1 買方永遠最大嗎？

在您簽約掏錢前一定是最大的，簽完約後，就看運氣了。

Q2 一切照合約走？

合約是最後一步，也就是要對簿公堂的手段。但一般來說生意是為了求財，賺錢才是重點。能在平時有良好互惠的關係，可以幫助專案進行得更順利。

Q3 自己做比買的划算？

通常我們會考慮除了薪資之外的成本，一般來說一個人員的成本大約是他薪資成本的三倍，這樣算起來，自己做不一定划算。

以人生來作為一個專案管理的比喻：

我們的家人是一個專案團隊（人力資源管理），朋友和同事就是專案的利害關係人（利害關係人管理），每個人對您的人生都有不同的影響（影響力分析）。

具體的安排如我們人生的每一天、每一分鐘如何安排（時間管理），還有金錢要花在哪些地方（成本管理），以及要靠哪些外在力量的協助（採購管理）來達成夢想。此外，在面對選擇時要如何取捨（風險管理），如何與家人、朋友、同事保持聯絡（溝通管理）等，也包含在其中。

最後，這一生想要完成哪些事情（範圍管理）、對走過這一生的期待是什麼（品質管理），更是重要的課題。

而我們自己，就是人生的專案經理，我們需要考量人生的不同階段（五大流程群組），盤點以上種種不同的因素和條件（九大知識領域），掌握人生目前的狀態和方向（整合管理）。

每個人的人生都不同，就如同每個專案都不一樣，重要的是「以終為始」，活出自己想要的人生。

Chapter 6

戰況討論
敏捷經驗答客問

從前有一位老和尚與一個小和尚下山去化緣，回到山腳下時，天已經黑了。

小和尚看著前方，擔心地向老和尚問：「師父，天這麼黑，路這麼遠，山上還有懸崖峭壁、各種野獸，我們只有這麼一盞小小的燈籠，怎麼樣才能回到家呀？」

老和尚看看他，平靜地說了三個字：「看腳下。」

在敏捷的旅途上，也會遇到各式各樣的挑戰和情況，而這些都是很正常的，就像我們在面對任何的改變和學習一般，只要「看腳下」，看現在的情況，選一個需要解決的問題就好了。隨著問題一個一個被完善地處理，慢慢地您會發現有一天不再被問題追著跑，反而有許多的時間去探索有趣的嘗試，從被動處理問題變成主動找尋機會。

談完這麼多的細節之後，對敏捷還存有疑慮也是正常的，可以找您最困擾的部分開始嘗試吧，小小的改變也可以造成大大的影響，就讓實踐和現實來證明敏捷有多有效。

前文中，我們提到了關於敏捷的核心思考，也談到企業敏捷化的轉型，並且介紹了各種思維工具和運作會議的方式，更細說各種層面的專案管理。而在明白這些實際的操作方式之後，實踐起來還是一定會有些困惑之處。

緣此，本章節整理了我最常被問到的幾類問題，並彙整成一篇「敏捷答客問」，一一來解決大家常提出的疑惑。

6-1 敏捷化時的主管困境

問題本身不是問題，如何面對問題才是問題。

Problems are not the problem, coping is the problem.

——維琴尼亞‧薩提爾 (Virginia Satir)

知名家族治療工作者，薩提爾模式的創始人

在專案一開始的時候，目標和需求都不明確，我們要怎麼辦？

專案剛剛開始的時候，「需求」不明確是正常的，所以我們才需要用迭代的方式逐漸探索來收斂需求。

但「目標」不明確就是不正常的了。我們做一件事情，一定要清楚知道為什麼要做和預期的成果，所以一定要有目標。

比如說：增加來客量、增加回購率、增加曝光等等。

此處暫且打住，先讓我問個問題：

 設立目標是誰的責任？

「……（一片死寂）」

「老闆。」

「那一個專案可不可以有多個目標呢？」

「當然可以，但目標越多，專案的成功機率越低，因為沒有提供一個明確的方向給大家在執行時做取捨。我的建議是一個主要目標就好，其他附屬目標，有很好，沒有也沒關係。」

「但老闆想要什麼目標都達成怎麼辦？」

「我當初也想要有個十全十美的另一半。大家猜猜最後的結果是什麼？」

那對於主管來說，如何減低突發人事異動帶給專案的衝擊？很多新創團隊都是使用敏捷開發，如 Scrum，最大的原因是使用 MVP 技巧，可以快速迭代，盡快取得回饋。

而一個成熟的組織使用 Scrum 或敏捷，除了快速取得市場回饋，有什麼誘因或好處呢？跑 Agile，就主管來說最大的好處是提高組織的可持續性，把原本集中在重要成員身上的工作量，視覺化或顯現出來，讓大家可以分擔，從而增加團隊的公車指數 (Bus Factor)。而團隊的可持續性，最好的指標就是公車指數。

假設有一天，您接到電話：「不好了，我們團隊出去吃飯時有人被公車撞到了。」這時候，除了關心成員的身體狀況，第二反應有可能是：「那我們的專案會有影響嗎？」

如果是團隊的唯一梁柱發生意外，就會對專案造成巨大影響，甚至要為此停止專案，那我們的公車指數就是 1。如果是兩個人同時被撞到，才會對專案有巨大影響，那公車指數就是 2。換句話說，公車指數越大，代表團隊或專案因為人員異動產生的影響越小。

我個人認為，如公車指數大於等於 3，團隊就可以相對長遠地走下去，也是工作量平均分擔的跡象。這對個人也很重要，因為超人也是會倦怠的，讓每個人保持在不滿載的狀況，更能夠發揮出自己的能力，同時也才能有學習和成長的時間。

如果公車指數少於 3 怎麼辦？別緊張，大多數的專案公車指數都是少於 3 的。（根據 2015 年的調查，GitHub 上的專案，「1」占 46%，「2」占 28%，只有 26% 的專案大於等於「3」。）

現實中，被公車撞到的機率很低，但人難免會有身體病痛、心情起伏、失戀想砍人……把太多的壓力、工作量和資源投注在部分人身

上，對團隊而言，風險太大了。

因此，把公車指數放大的方式有很多，如要開工時才決定誰來做 Task（避免一個人固定做某一部分）、在產品待辦清單精煉會議時確保大家都了解需求、輪流做 Support 讓大家熟悉常出狀況的地方、Pair Programming、有 CI 讓大家敢改別人寫的 Code、共同擁有代碼的意識 (Collective Code Ownership)，甚至強迫放假不可以接電話等等。

而身為主管，除了注意團隊外，也要想想如果沒有了自己，團隊還能跑下去嗎？如果答案是否定的，那很明顯公車指數就是 1。畢竟，主管也是團隊的一員啊。

這邊談的是授權，我覺得抽象化的事務很難定義清楚，所以我是用原則來規範，只要符合以下三個原則，基本上就都是小事：

公司利益優先

決策是著眼在公司整體的利益，而不是部門、團隊或個人。只要優先考慮整體利益，做出來的決策就不會偏離太遠，也更容易應對各方的質疑。

壞消息我不要從別人嘴巴聽到

出事了，或知道快出事了，第一時間必須馬上提出，千萬不要出事了還想要隱瞞。天下沒有密不透風的紙，消息怎麼樣都會傳出來。最傷主管信用的事情，就是部門出大事了他卻最後一個知道，因為這代表主管不在狀況內。

事不過三

跌倒了沒關係，下次不要在同一個地方跌倒就好。這考驗的就是自我反省能力。如果不知道怎麼避免犯同樣的錯誤，沒關係，來找我，我們一起想辦法。

6-3 如何設定有效目標？

Q 訂目標有什麼好處？

沒有目標也可以活得好好的不是嗎？為什麼要訂什麼鳥目標呢？

目標，顧名思義，就是眼睛可以看得到的標的，也就是幫助大家校準、朝同一個方向前進的工具。當大家都往同一方向行動時，眾志成城，可產生的動能和結果是非常驚人的。所以所有從大到小的組織，從社群到國家，都會訂出目標，就是為了讓大家往同個方向移動。

目標的第一個要件是：

有方向性，可以跟大家說往哪走

舉例來說，選舉常會出現的口號是「讓台灣更好」，這有方向性嗎？

當然沒有，因為每個人對「好」的認知不同。

有人認為薪水多一點就是好；有人認為放假多一點就是好；有人認為多睡一點就是好……沒有方向，大家就自己做自己的。

有人會說自己找方向也沒什麼不好吧？沒錯，如果世界上沒有競爭的話。

但有競爭，就需要找出自己的相對優勢，而目標就是集中火力打造自己相對優勢的好工具。

承上例，如果我們把目標改成「讓台灣每個人多睡一點」呢？還是不夠，因為「一點」是多少？多 1 小時是多，多 5 分鐘是多，多 1 秒也是多，要多多少才算達成目標呢？這沒辦法具體測量，而沒辦法具體

測量，也就沒辦法得知到底目標有沒有完成，取得測量結果的難易度當然也要考量。

因此，目標的第二個要件是：

有可以測量的數字，讓每個人知道目前情況跟目標距離多遠

再承上例，如果選舉時有人提出了「讓台灣每個人每天多睡 5 分鐘」這個目標，可以嗎？還是不夠好，因為沒有時間限制。我可以說五年後達成，也可以說一百年後達成呀。

所以目標第三個要件是：

要有期限，以讓大家知道還有多少時間可以運用

如果再以上例來看的話，「在一年內讓台灣每個人每天多睡 5 分鐘」，就算是個有效的目標了。

所以一個好的目標要提供方向、可以測量，還要有達成期限。設立好的目標可以用 SMART 原則，但我們團隊覺得有點太複雜，通常都用自己的簡單版本── SNT 原則。

SPECIFIC　　MEASURABLE　　ACHIEVABLE　　RELEVANT　　TIME-BOUND

SNT 原則不限於制訂目標，可以應用在所有溝通或工作事項上

S「SPECIFIC」（**具體**）：是指每個人都可以看懂的一句話。

多過一句話就變成作文，很容易變成畫大餅而難以具體。

N「NUMBER」（**數字**）：是指可以量化的數字。

如多少錢，多少人。

 T「TIME」（**時間**）：指要多久時間。

如幾個小時、幾天，或是幾月幾號前完成。

6-4 產品負責人對需求要了解多深？

大家都知道產品負責人最大的責任是維護產品待辦清單，根據投資回報率 (ROI) 排出清單中各項目的先後順序，對產品的成敗負責。

導入後 Scrum Team 對這部分也比較少爭議，爭議最大的部分是產品負責人針對每一個 Item (Story) 的需求要寫得多清楚？

這個疑惑直到今年初在 Odd-e 呂毅的 CSPO 課程中才獲得解答（這堂課是 PO 或有志於 PO 的朋友必修之課程，建議上過 CSM 或 Scrum Introduction，先了解 Scrum 運行後再參加，加上實踐的收穫更大）。

呂毅在課堂上提到產品負責人跟開發團隊的權責分配可以從一個需求項目的 Why、What、How 三面向來分析。

Why 是 Item 的戰略層面

是指為什麼要做這個 Item？這個 Item 的重要性和價值是什麼？為什麼這個 Item 要比其他的先做？

蒐集資料，聽取客戶和利害關係者的意見，把商業價值提煉出來後跟開發團隊解釋這 Item 的重要性，這都是產品負責人的當然責任。總之產品負責人要搞清楚的就是 Item 的商業價值，搞不清楚或說不清楚，會讓整個團隊陷入不知為何而戰的處境。

What 是 Item 的戰術層面

為了達成 Item 的價值，應該要有哪些功能給到使用者？這部分應是由團隊和產品負責人一起合作，在產品待辦清單精煉會議 (Product BacklogRefinement) 中討論，然後寫下來放到驗收標準 (Acceptance Criteria)。所以 What 是產品負責人與開發團隊共同的責任，誰能力強就多貢獻一些。由開發團隊寫出，並當場跟產品負責人確認，可以增加開發團隊對需求的了解，減少後續許多誤解。

How 是 Item 的戰技層面

如何把功能在技術上實作出來，這部分是開發團隊的責任。當然其他人也可以提供建議給開發團隊，但最終的決定權是在團隊成員的手上。團隊成員如果可以解釋技術上的選擇和困難點給產品負責人參考，將可以增加雙方的互信。

舉例來說，如 EC 網站會員抱怨帳號常常被盜，初步調查是登錄時的安全措施沒做，讓駭客有可乘之機。

此時 Item 的需求如下：

Why 戰略層面

產品負責人確認商業價值為提升網站的安全性，以維持會員對網站的信賴度。

What 戰術層面

產品負責人和開發團隊討論出以下對策：密碼錯誤 3 次後需認證是否為真人、登錄資訊加密、提高密碼複雜度、禁止重複使用密碼、定期重設密碼、出現異常狀態時以 Email 通知。

How 戰技層面

開發團隊為達成 What，需要有技術處理 Email、2048 bit SSL 加密、簡單密碼字典、歷史密碼加密記錄、產業通用密碼規則、CAPCHA 設計等等，這是靠開發團隊的專業能力。

總結這個問題，產品負責人到底要將需求寫到多清楚？

項目的 Why 一定要説清楚、講明白。但要求 How 需由產品負責人生出來就不合理。而就算 What 由產品負責人獨立生出來了，很多開發團隊和產品負責人藉以溝通和檢視產品需求的機會也就喪失了，豈不是太可惜了嗎？

大大的自我有小小的耳朵。

Big egos have little ears.

——羅伯特‧舒樂博士 (Dr. Robert Schuller)

提出「能夢想，就能成就」，也是成功神學的倡導牧師

怎麼樣都估不準，大概是軟體產業心頭永遠的痛。

上 CSM 的時候，有同學詢問 Scrum 可以讓時程估計 (Estimation) 變準確嗎？

講師 Bas Vodde 說：「不行。」

那在敏捷開發中，我們要如何處理預估呢？

估不準的原因有很多，最根本的原因是軟體摸不得、看不到，不像蓋大樓或電視，可以做一些模型來確認。使用者只能在腦中想像軟體的流程，且只有在他真正用到軟體的剎那，才能決定這是不是他要的。

第一步先接受，預估絕不可能準

既然叫「預估」，就表示跟現實會有落差。如果我們團隊都估很準呢？每次說得到就做得完，這也有可能是團隊有意無意不願意挑戰的表現，如果估計跑一百公尺要 1 個小時，不管怎麼跑，甚至用滾的也可以達成。這種估計有意義嗎？

心態上接受預估不準有幾個好處：

其一，不會花太多時間估計，反正都不準，就憑直覺吧。別花時間去過度分析。

其二，不會拿估計不準來秋後算帳，連帶提高團隊積極挑戰的態度。

第二步，把需求分解

這是縮小誤差最有效的方法。

要掃完全世界的廁所需要多久？全台灣的廁所呢？全台北？整棟辦公室？拆解到有把握的程度，個別估計後再相加起來，會是比較可信的數字。

第三步，利用估計充分溝通交換資訊

最好找有相關經驗的人參與估計，過去的經驗不但可以幫忙分解，還可以提供之前遇到的問題或解法，這都是非常珍貴的訊息。

如果沒有具備經驗的人呢？那就摸著石頭過河吧。

從風險最高的部分開始實作，隨著時間推進，不確定性會慢慢降低。資訊交換好後，千萬別花時間爭論要花多少時間。

總結一下敏捷中的估計：接受估不準，把需求分解到夠小，利用估計充分溝通交換資訊。

有人會說：「那預估不準要怎麼簽合約呢？時程總不能亂壓吧？」理論上的回答是如〈敏捷宣言〉說的：「與客戶合作重於合約協商」，與顧客協商用包月 Time and Material 的方式合作才是正解。

公司內部的客戶就比較好處理，關係打好，排出產品待辦清單，跟客戶和老闆有共識地按照順序做下來。

問對問題很重要，不要問客戶要做哪些功能，要問客戶「哪一個功能現在對您而言最重要」。

然而，實務上在台灣很多甲方公司沒辦法接受這種合約，但在全球軟體外包產業中，印度和東歐很多軟體開發公司都是跑包月制，顯示世界上很多甲方都認知到白紙黑字不會產出好的產品這件事。

6-6 一個短衝的工作量多少是合適的？

記得那年有幸參加 Gerald Weinberg 和 Esther Derby 的 Problem Solving Leadership (PSL) 工作坊。

第二天團隊活動結束後的 Retro，有一個夥伴出來分享，他說他很自責，因為他知道正確答案，但沒能說服團隊依照他的方案走，所以後來團隊失敗了。

我記得當時 Gerald 這麼回答："You are not treating others as adults, you don't believe they can make decision by themselves."（您沒有把其他人當成年人看，您不相信他們可以自己做決定。）

我當場有當頭棒喝的感覺，因為太多時候我做了相同的事情──認為沒安排好事情就會出錯，把其他人當作不成熟的個體。但沒到最後，怎麼知道我的做法就一定是最適合的呢？

因此，要相信團隊夥伴是成年人，提供給他們需要的資訊、工具、資源，相信他們會嘗試做最好的決定，然後在旁照看他們，需要時給予協助，這才是最重要的。

所以一個短衝要「排」（其實是用「承諾」(Commit) 這字好一點）多少工作量，我覺得都行，重點是團隊考慮過現有資訊和其他人的意見，決定出這是對產品最好的對策就好。

如果下禮拜完成，剛剛好可以趕上正紅的潮流，要承諾多少？

如果這禮拜某一個夥伴的家人住院需要照顧，要承諾多少？

如果我們想重構 (Refactor) 一個最近一直出錯的複雜模組，要承諾多少？

※ 以下補充 Gerald 的完整回答：

如果您看到事情不對而且感到自責，怎麼辦？

1. 您沒有把其他人當成年人看，您不相信他們可以自己做決定。
2. 找一個可能認同您的人，獲得社會支持。
3. 如果連一個人您都沒辦法說服，也許您是錯的，或者是您身處在錯的團體。
4. 改變您的目標，從「讓人聽您講話」，變為「聽彼此講話」。

What if you see things go wrong and blame yourself？

1. You are not treating others as adults, you don't believe they can make decision by themselves.
2. Find one person who may be agree with you, gain social support.
3. If you can't convince even one person, maybe you are wrong, or you are in the wrong group.
4. Change goal from let people listen to you, to listen to each other.

6-7 Scrum 團隊裡每個人做的事都一樣，不是很無趣嗎？

Scrum 裡每個人做事都一樣嗎？

這問題可以由三個問題來回答：

第一：Scrum 中對團隊能力的要求是什麼？

為了能減少半成品 (WIP) 和交接時所造成的浪費，Scrum 對團隊的要求是可以端到端 (End to End) 地完成工作。端到端的定義，我個人解讀是對客戶來說，不需要找另一個團隊。

以下的回應都是團隊還沒具備完全端到端能力的跡象：

「我們還在等 OO 給我們。」—— OO 可以帶入設計、美工、系統分析、資料庫等等。

「OO 還沒審核完成。」—— OO 可以帶入主管、架構等等。

當然，現實中要完完全全端到端的難度很高，但盡可能端到端地工作最大化，能減少很多時間上的浪費。

換句話說，Scrum 只要求團隊一起完成一件事，沒有要每個人做的事都一樣。

第二：Scrum 對個人能力的要求是什麼？

在 Scrum 裡，為不讓工作量集中在固定成員身上而造成負荷過重或瓶頸，因此期待成員都是通用型專才 (Generalizing Specialist)。不像通才 (Generalist) 沒有相較於其他成員比較精通的領域，或是專才 (Specialist) 只專注在自己擅長的領域。

換句話說，通用型專才有以下特點：

1. 對團隊所做工作有從頭到尾的認識了解（全面廣度夠）。
2. 對一個以上的領域有專門研究，而且可以教導其他人（部分深度夠）。
3. 對自己不熟的領域，願意學習和嘗試。

簡單地說，Scrum 要求應有自己的專長，並在需要時互相協助，沒有要求每個人做的事都一樣。

第三：現實生活中事情有可能都一樣嗎？

現實生活中，就算每個人動作都一模一樣，然而因為經驗、用心度不同，出來的事情結果絕對不一樣。

回到問題本身：Scrum Team 裡面每個人做的事都一樣，那不是很無趣嗎？

的確，什麼都一樣，是很無趣的事情。

但 Scrum 只要求團隊一起完成一件事，要求要有自己的專長，而且因為不同的經驗、用心度，所以出來的事情結果絕對不一樣。

Scrum 沒有要每個人做的事都一樣。

Scrum 沒有要每個人做的事都一樣。

Scrum 沒有要每個人做的事都一樣。

（很重要所以說三遍！）

大家一起完成目標，每個人貢獻所長，願意嘗試不熟悉的領域，互相學習，聽起來比單打獨鬥有趣多了，是吧？

6-8 如何避免重工？

Scrum 裡如何避免重工浪費？

這問題一樣可以由三個問題來回答：

第一：搞清楚誰是負責人

搞清楚誰是負責人，利害關係人的意見可以參考，但最後拍板決定的是負責人。認對負責人上天堂，認錯負責人住地獄。

第二：要求舉些實際例子

要求舉些實際例子，讓顧客期待的工作結果可以更具體，可以當作驗收條件，也就是「實例化需求」(Specification by Example, SBE)。

第三：溝通用字盡量精確

什麼是大？什麼是小？比如紙的大小可以說 A4、A5，或可以直接說使用的字體。

使用精確的名詞和單位，是專業的體現。

6-9 我們的 Scrum 團隊覺得每個短衝都一樣怎麼辦？

雖然工作內容不同，但是都在開一樣的會，工作模式都一樣，而且自省會議 (Retrospective Meeting) 也想不到有什麼可以聊，Scrum 跑著跑著，大家慢慢開始察覺不到有什麼可以改善。

改變和改善都需要時間，經過不同事件、經驗、刺激、感受的累積，才能覺察更多關於目前的情況，而且有時是需要刻意引發、刻意執行改變的。

很多大的改變、影響深遠的改變，是從小的改變動手開始做、開始嘗試，才慢慢醞釀而成的。在經歷了許多小步的改變之後，或許可以試著回顧自己心態的轉變，以及團隊外的人給團隊的觀察和評價，比較和之前的狀態有什麼不一樣之後，也許能找到新的方向。

團隊只要有想要持續改善的心態，都有辦法找出改善的方向。

或許也可以安排一個團隊外的人（例如不同部門、不同團隊）以新的觀點來看團隊的工作，或是在團隊中刻意引入一些新的做事方式、累積一些小的改變等，都能幫助團隊在日後決定重大的改變。

舉例來說：我們在鏡子中所看到的並不是當下，而是之前的自己在鏡子上的反射。換句話說，我們在鏡子中看到的都是過去。為什麼說看到的是過去，而不是現在？因為儘管光線是以光速在進行，但光線開始反射（過去），和看到自己的影像（當下）之間還是會有時間差。

時間是單向的，我們會不斷地走向未來，而且無法回到過去。所以我們必須要接受過去無法被改變的這個事實，因為事情已經發生了，我們可以影響的，只有未來的走向。

雖然我們看到的是過去，但也可以依此改變未來，不同的決定和行為，也就會帶來不同發展的可能性。而自省就是回顧當初發生的事情經過，探討利弊得失，想想下次會如何做。

經過自省（或稱反思），我們就可以提升思維的廣度和深度，推估未來可能會如何演變，從中選擇自己想要的未來，並經由當下的決定，做出行為來嘗試影響未來的走向。

如果我們不去影響未來的走向，事情大都會按照目前的模式進行，代表相同的問題會不斷地發生，當遇到的問題都一樣而且解決不了，也表示我們自己並沒有進步。

Retrospective 做什麼？

敏捷追求的就是不斷地進步、持續改善，這需要經常反思自省。而讓團隊可以反思自省的一個機會，就是反思會議 (Retrospective Meeting)。

所以如果沒有開反思會議，就不要說自己在跑敏捷啦。

「把反思會議開好，您就可以改變未來。」

6-11　自動自發有其必要性嗎？

「您們找的人是不是都要自動自發，加上自主性高？」聽朋友問到時，我愣了一下，因為「自動自發」這幾個字已經很久沒有出現在我的篩選要件中了。

因為這幾年，我發現自動自發並不是個人的特質，而在於所處環境有沒有鼓勵甚至允許自動自發的行為。

做的事是自己喜歡的事，每個人都會想把事情做好。

因此使用敏捷的魔力之一，就是自發性的行為不斷在發生。

反而我覺得現在最大的挑戰，會是開放的心態──可以包容彼此的不同、虛心接受別人建議、正視自己的不足、接受自己的想法被拒絕。

開放的心態是個人性格特質，還是可被鼓勵的行為？我也還在找答案中。

工作沒人想做怎麼辦？
── Scrum 中的工作分派與分工

6-12 要怎麼提高團隊意識？

團隊意識要怎樣提高？我覺得是團隊之間需要有共同的語言。

字彙是知識的載體，如果我們團隊使用同樣的字彙來溝通，並且對字彙的認知相似，那我們的討論就可以建立在足夠強的基礎上，否則就是各唱各的調。

舉例來說，在我前東家推導最順利的共同字彙之一是「事故優先級」。

我們以影響度 (Impact) 和急迫性 (Urgency) 的二維矩陣來決定，如下圖所示：

影響度 ＼ 急迫性	急	高	中	低
廣泛	優先級 1	優先級 2	優先級 2	優先級 3
重要	優先級 2	優先級 2	優先級 3	優先級 4
中等	優先級 2	優先級 3	優先級 4	優先級 4
次要	優先級 3	優先級 4	優先級 4	優先級 4

高度影響和高度急迫是優先級 1（又稱 Ticket Priority 1，簡稱 TP1）。中度影響、高度急迫，或是高度影響、中度急迫，就是優先級 2 (TP2)。

依此類推，TP3、TP4、TP5 的優先級越來越低。

而 TP0 就是天上掉下來的超級大事。

優先級會決定處理事故所投入的資源和反應的時間，比方說設定 TP2 以上會列入插件由團隊立即處理，而 TP2 以下則排到產品待辦清單，在後續的短衝處理。

TP1 是 30 分鐘未排除便需升級到相關主管介入，TP0 則是 10 分鐘未排除就會升級到相關主管介入。

儘管有規定主管介入的時間點，但其實在事故單開立的同時，依據優先級，相關的人員都會接收到事故的訊息和更新狀態。而且事故單開立的指導原則是只可以高報，不可以低報。

回到當初如何建立這個共同字彙，除了基礎的宣導外，所有夥伴對事故的重視程度也扮演了關鍵的角色。

如當 TP0 或 TP1 發生時，不管幾點，所有的相關團隊、產品負責人、主管，從上到下都需要立刻準備面對。

會被影響的人多了，自然關注的人就多了。

6-13 如何提升個人在公司的 影響力？

我的答案是：增加信用分數。

具體的做法是：

1. 顧好本分
2. 有雞婆的心態
3. 有雞婆的能力

比如現實生活中，每個人在其他人眼中都會有一個信用分數——而這個信用分數是建立在「我說的話與我做的事情是否相符」。如果相符或超過，就加分；反之就扣分，而且扣分容易加分難。

在公司內，最重要的是自己的職責和別人期待的是否相符合，如果做到，基本分數就拿到了。如果自己的本分都沒做好，講再多別人也只會覺得您多管閒事。但要有影響力，光做到自己的職責還遠遠不夠，能幫助別人或其他部門解決問題才能大幅加分。

要幫別人解決問題，就要有雞婆的心態和能力。先從心態來談，如果認為萬事皆事不關己，那就沒什麼後續了。所以心態是第一必要的，心態上要保持著：「只要是對公司整體有影響的事，就是我的事。」

　　有雞婆心態才能談雞婆的能力。什麼是雞婆的能力？是否知道什麼事情自己幫得到、什麼事情自己幫不到？是否知道什麼事情容易幫、什麼事情不容易幫？是否知道怎麼樣能以最小的改變達到最大的效果？是否認清功勞是屬於其他人，自己只是協助的角色？

　　信用是慢慢累加的，影響力也是。

6-14 要改善缺點？還是加強優點？

管理上寧可浪漫，不要浪費。

所以不論是改善缺點或加強優點，都對，也都不對；因為這取決於我們所處理的地方是不是瓶頸，是不是阻礙公司成長進步的關鍵。

在任何時間點，組織成長的瓶頸都有，並且只會有一個，而投入在瓶頸以外的時間和資源，無法有效幫助組織成長的。

而改善系統聚焦有五步驟：

步驟一
定義出系統的限制 (Identify the System's Constraints)

步驟二
決定如何充分利用限制 (Decide How to Exploit the System's Constraints)

步驟三
依上述決定，讓非限制資源充分配合 (Subordinate Everything Else to the Above Decision)

步驟四
打破系統限制 (Elevate the System's Constraints)

步驟五
若限制已打破，回到第一步驟

1. 現在好好的，為什麼要改變？
2. 團隊不知道如何建立信任
3. 對敏捷的導入沒有共識
4. （主管）的引導技巧不夠
5. 團隊溝通不夠有效
6. 高層的信任和支持不夠
7. 傳統的績效管理不適用
8. 不知道如何用 Agile 處理（範圍時程）硬梆梆的專案
9. 工程和領域的技能不夠
10. （因資源有限）角色重疊混淆
11. （不知道如何）讓團隊成員感受到結果的價值
12. 缺乏跨界交流的機會

　　第 12 項是在 CCAgile#48 開放空間會議：「組織導入敏捷的困境、機會、挑戰與疑惑」中的產出，我看這項與其他群組沒有重複，就自作主張加上來了。工作坊過程已經有夥伴的仔細分享，如 Mao Yang 分享的「趨勢科技團隊共創法活動體驗」，和 David 的「當敏捷遇上引導：在領導團隊變革遭遇什麼困難」。

移除「缺乏」，讓命名更貼近核心

　　在 ICA 的課程中學到，如果阻礙是含有「缺乏」的字眼，如不夠、太少等，代表這只是表象或症狀，需要花些時間去挖掘更深層的造成原因。

所以我嘗試以我的觀點再往深入去發掘，讓字面上沒有「缺乏」的字眼。如同以下：

1. 現在好好的，為什麼要改變？
2. 團隊不知道如何建立信任
3. 對敏捷的導入沒有共識
4. （主管／Scrum Master）的引導技巧不夠→主管／Scrum Master 不知道如何有效引導
5. 團隊溝通不夠有效→團隊不知道如何有效地溝通
6. 高層的信任和支持不夠→高層不認為改變有價值
7. 傳統的績效管理不適用
8. 不知道如何用 Agile 處理（範圍時程）硬梆梆的專案
9. 工程和領域的技能不夠→技能沒有跟上改變的速度
10. （因資源有限）角色重疊混淆
11. （不知道如何）讓 member 感受到結果的價值
12. 缺乏跨界交流的機會→認為跨界交流有價值

按照阻礙的特性分類

我非常主觀地把這 12 項分成三個大類：人員或組織的慣性、人員沒有能力或知識，以及主事者的重視程度。

人員 或 組織的慣性

1. 現在好好的幹嘛改變
7. 傳統的績效管理不適用
8. 不知道如何用 Agile 處理（範圍時程）硬梆梆的專案
11. （不知道如何）讓 member 感受到結果的價值
12. 不認為跨界交流有價值

人員沒有能力或知識

2. 團隊不知道如何建立信任

3. 對敏捷的導入沒有共識

4. 主管／Scrum Master 不知道如何有效引導

5. 團隊不知道如何有效地溝通

9. 技能沒有跟上改變的速度

主事者的重視程度

6. 高層不認為改變有價值

10.（因資源有限）角色重疊混淆

首先，解決慣性的方法就是──一直動。

我感覺這是團隊最容易解決的，在《目標》這本書中提到的限制理論五步驟，第五步就是瓶頸解除後，找尋下一個瓶頸，從第一步再從頭開始。目的就是為了讓組織和人員不停留在原地、不休息、持續改變行為。當改變成為習慣，不改變反而是反慣性，這也是持續改善希望達成的效果。

以前的觀念是要人改變就要給甜頭，沒有錢、沒有權，怎麼讓人改變呢？在《你的商業知識都是錯的：不懂思考，再努力也是做白工！》一書中的第七章，提到顛覆了許多傳統誘因的觀念，如提供獎勵反而讓複雜的工作做不好。其中也提到很多讓工作更有效的方法。只要看到自己的改變有正面的回饋，大多數人都會樂於去改變的。

可惜不管如何努力，還是有不適應的人會因組織變化而離開，也會帶走許多珍貴的營運知識和能力，所以組織面重要的課題是如何平衡日常營運與變革，控制前進的腳步，從走路、小碎步、健走，慢慢加速到需要的節奏。

再來，若是人員沒有能力或知識，那也很簡單——學！

如果主事者重視，加上成員習慣改變，這其實是難度最低的，只要給資源學習、給空間運用，效果就會慢慢出來。相反的，沒有主事者重視或成員習慣於改變，首先沒有資源投入，其次投入資源也很難引發自發的行動，效果不大。

最後，主事者的重視程度跟政治生態有關係。

我覺得敏捷、文化改變，或長期才能見效的變革，蠻弔詭的是，權力越集中的組織越有可能大幅改變組織架構與資源投注，因為不需要考慮太多政治因素，也不需要短期做出成績，只要主事者有足夠的信心和夠大顆的心臟就好了。

在一個權力分散的組織，反而不可能做大幅度的改變，因為組織的調整本來就是資源重新分配，各據山頭的既得利益者會阻礙變革。例如 Scrum 就沒有 Team Leader 的角色，那原本的 Team Leader 要如何安排呢？

所以組織扁平化，採用自組織模式（如 Holacracy，中文稱集體共治或合弄制），最大的好處是變革時的阻力最小，此外，主事者本身持續接觸新事物與學習也是非常重要。

學習型組織就是熟稔於變革的組織

上述的三個大類：人員或組織的慣性、人員沒有能力或知識、主事者的重視程度。我認為在各種方法的導入都會遇到，所以把「推行敏捷的阻礙」，換成「推行 UX 的阻礙」，或是「推行上廁所後馬桶沖乾淨的阻礙」，感覺產出都會差不多，因為都是在談一個根本性的問題，就是「如何讓組織變革」。

這時就可以講到，適合敏捷式組織的架構：全員參與制 (Sociocracy)、認可決、雙連結。

開始跑敏捷後，會遇到一些跟傳統科層式組織格格不入的地方。科層式的組織架構優點是中央決策，可以最大化命令與控制的力道。但在敏捷中強調的是讓第一線人員做出決策，傳統的組織就變成一個綁手綁腳的設計，所以如何讓組織架構成為產品開發的助力就是一個大問題。

當初第一個找到的其他組織模式是合弄制 (Holacracy)，為此，我也買了專門討論 Holacracy 的書——《無主管公司》——研究一下。

看完後的第一印象不好，主要有兩個原因，第一個原因是：作者一直強調要用就要整套用，All or Nothing。換句話說，是要組織整體打掉重練。這跟我看情況挑戰、摸著石頭過河、小步快跑的哲學不合。

第二個原因是：太複雜也太嚴謹了。從營運、角色定義、每個人的職權，到會議如何開，都有規範，還一定要規範出來，這跟敏捷中大家不分彼此一起把事情搞定的原則有所違背（有興趣的朋友可以參考合弄制憲法）。

總之，我喜歡他的初衷，但設計不對胃口，於是就擱下來了。直到參加新加坡的敏捷年會，聽到 Jutta Eckstein 主講的「Sociocracy: A means for true agile organizations」，聽著聽著興趣就來了，因為 Sociocracy（沒有正式中文翻譯，Wiki 上翻成全民政治，我偏好稱為全員參與制，簡稱全參制）強調的是大原則，沒有制式的方法跑，給了很大的彈性，可以進階地嘗試導入。

而且合弄制骨子裡根本就是全參制，把全參制的圈圈架構、會議、角色，加上自訂的專有名詞，再加上一堆規定，就成了合弄制。（說得誇張了點，合弄制還有加入一些蠻好的概念，比方說「張力」(Tension) 等等。）

Chapter 7

選配裝備
如何讓敏捷旅程更加豐盛

　　大詩人白居易出任杭州刺史時，聽說有一位高僧叫鳥窠禪師，他非常有名，整天睡在樹上搭的一個草窩裡，白居易十分想去拜訪這位鳥窠禪師。

　　有一天，白居易上山去探望這位禪師，白居易望著空中綁在樹上的草舍，很緊張地說：「禪師，你住在這裡很危險啊。」

　　這位禪師不屑一顧地說：「大人，我不危險，我看你倒是很危險。」

　　白居易說：「我深受皇帝的重用，鎮守江山，有什麼危險啊？」

　　鳥窠禪師說：「慾望之火燃燒，人生無常，貪得無厭，世界如同火宅，天天在火中煎熬，你陷入這種情勢之中，不能自拔，你怎能不危險啊？」

　　白居易一想：「是啊，我正是在京城被貶職到了杭州的。禪師，那我該怎麼做呢？」

　　鳥窠禪師說：「很簡單，諸惡莫作，眾善奉行。」

　　白居易說：「禪師，連三歲的孩子都懂這個。」

　　禪師說：「三歲孩兒雖能懂，八十老翁行不得。」

　　白居易聽了他的話之後，便改變了態度。

　　其實跑敏捷也是這麼簡單，傷害團隊的事情，不做；對團隊有益的事情，做。

　　就是這麼簡單。

　　要如何才能讓團隊合作、增加團隊精神呢？這是很多成員、主管或SM都在煩惱的問題。

　　而團隊是一個有機體，會因為成員、環境的變化有非常不同的反應，所以要幫助團隊成長，需要了解基本經濟學、心理學或社會學的原

理，以及掌握幫助團隊改變的技能，如訓練、教練和引導等等。

我在做工作滿意度調查時，總有一些蠻正面的回饋都是跟職涯發展相關，比如說：

1. 我不清楚我的職涯規劃
2. 我覺得我需要訓練
3. 我需要有人來帶我

公司在導入敏捷開發跟 Scrum 後，內部對於誰應該負責職涯規劃曾有過一些討論。以前我們的方向是由主管規劃、排定計畫、規劃課程；而現在的改變是，每個人應該主動決定自己要什麼，並自己想辦法讓它發生。

做專案管理時，通常要找誰來負責這個專案呢？

我的原則是找這個專案成功後會被影響最深，或是受益最多的人。那回到職涯發展這個專案，是誰的責任？誰會被職涯發展的成果影響最大，而且受益最多呢？自己的職涯可能會影響公司三、五年，待久一點頂多十幾年，但可是會影響自己一輩子的。

所以職涯發展的負責人是誰？除了自己，還有誰能夠對我的人生負責呢？

這時有人會說，這不是公司的責任嗎？我的答案是，公司只是負責支援的角色；最多也只能讓大家知道「我不知道」的事情，其他的部分，就需要自行努力了。

如果真的認清人生是自己負責的，那應該會在平時就追著要訓練、看書、參加社群，或是想辦法拿資源，而不會只是在滿意度調查時留幾行字，就期待它發生。

敏捷開發除了提供工作彈性，也對團隊成員的學習和改善意願有很高的要求。自己的職涯發展，自己負責。

7-2 敏捷平衡循環 (Agile Balance Cycle) (ABC-DE)

平衡不是你找出來的，而是你創造出來的。

Balance is not something you find, it's something you create.

—— Jana Kingsford

勵志公眾演說家

中醫說：「通則不痛，痛則不通。」學習身心學 (Somatics) 之後，才了解其實痛肯定是不通，不痛倒不一定是通的，要靠我們對身體的感知和覺察看看是否有痠、麻、脹、疼、癢這些身體發出的訊號，讓我們提早因應。痛，已經是比較嚴重的症狀了。

就如同名醫扁鵲的故事：

魏文王問扁鵲：「您們家兄弟三人，都精於醫術，誰是醫術最好的呢？」

扁鵲：「大哥最好，二哥差些，我是三人中最差的一個。」

魏王好奇問到：「怎麼說呢？」

扁鵲說：「大哥治病，是在病情發作之前，那時候病人自己還不覺得有病，但大哥就已經下藥剷除了病根，使他的醫術難以被人認可，所以沒有名氣，只是在我們家中知道他很厲害。我的二哥治病，是在病初起之時，症狀尚不十分明顯，病人也沒有覺得痛苦，二哥就能藥到病除，使鄉里人都認為二哥只是治小病很靈。我治病，都是在病情十分嚴

重之時，病人痛苦萬分，病人家屬心急如焚。此時，他們看到我在經脈上穿刺，用針放血，或在患處敷毒，或動大手術直指病灶，使重病者的病情得到緩解或很快治癒，所以我名聞天下。」

魏文王大悟。

組織跟身體一樣，如果我們提升覺察力，就能在還是小問題的時候就處理掉，但如果放任到已經痛了才想解決、才找顧問來開刀，對組織和成員來說都是很痛苦的過程。

人體有所謂的脈輪或是經絡，並沒有什麼高低好壞的問題，而是看整體的平衡。我認為組織也是有經絡脈輪的，所以以過去的經驗，整理了一個「敏捷平衡循環 ABC」(Agile Balance Cycle) 供大家參考，為自己的組織把脈一下，看看如何在平時就好好保養身體，不需要等到有問題再求醫。

敏捷平衡循環 ABC 的邏輯由上而下、從抽象到具體是這樣：我們依照「使命」共創「願景」後，透過有效地「溝通」，團隊「關係」會更緊密，夥伴就會更有勇氣「創新」突破框架，就能打造有效的「制度」來創造更多的「利潤」。以上是一個「實踐」的過程，有夢最美，依照使命創造價值。

七大脈輪

頂輪 Crown Chakra
眉心輪 Third Eye Chakra
喉輪 Throat Chakra
心輪 Heart Chakra
臍輪 Solar Plexus Chakra
腹輪 Sacral Chakra
海底輪 Root Chakra

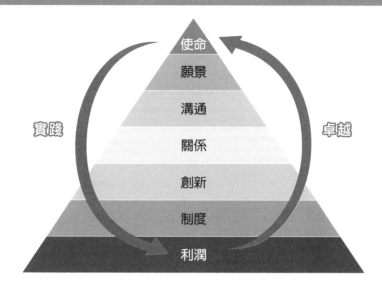

敏捷平衡循環 ABC 從下而上、從具體到抽象是這樣：因為有了足夠的「利潤」，所以有空閒的心力可以優化「制度」，有更多的空間可以承受風險支持「創新」，進而增加彼此的信任感讓「關係」提升，找出更有效的「溝通」模式，依照現狀逐步優化「願景」，並確認「使命」是否與我們所作的一致或是要修改。以上是一個「卓越」的過程，勿忘初心，因為有價值可以發揚使命。

每個層面的關鍵提問如下：

> 使命：我們的使命是什麼？
>
> 願景：我們如何達成使命？
>
> 溝通：如何取得工作所需要的資訊？
>
> 關係：團隊如何互相協助達成願景？
>
> 創新：成員做了哪些新的嘗試往願景推進？
>
> 制度：哪些制度正在幫助我們落實願景？
>
> 利潤：要如何賺取足夠的利潤？

ABC 架構是這樣，接下來就需要自行評估，我們組織當下的瓶頸是在哪一個層面，然後找出對策。值得一提的是，跟身體一樣，頭重腳輕或是頭輕腳重都不健康，需要的是一個平衡。敏捷平衡循環 ABC 也是，使

命感過高就是頭重腳輕，過度看重收益就是頭輕腳重，也是要取得一個平衡。

如何保持平衡？		
	不足如何提升（虛）	過多如何降低（實）
使命	探尋渴望	注重獲利
願景	策略規劃	多元化
溝通	透明化	制度化
關係	自主管理	中心化
創新	持續學習	分散風險
制度	標準流程	分層授權
利潤	顧客導向	回歸使命

而本書提供的方法，依據我自身經驗對組織的影響，勾寫出影響力比較大的部分，提供大家參考，可以依據目前所需要改善的層面，選擇合適的方法：

除了敏捷平衡循環 ABC 以外，我認為還有兩個對企業敏捷化影響比較大的部分，也會影響到每一個層面，分別是決策（Decision Making，以 D 代表）和實驗（Experiment，以 E 代表），整合 ABC 就成 ABC-DE，是不是很容易記起來呢？

D 也就是決策的部分，考量點是決策前大家的聲音有沒有被聽見？決策後大家投入度如何？這部分除了引導技巧影響很大，決策方式也很

重要：用傳統的老闆說了算的主管決，成員的投入度很低；用大家最喜歡的投票決，會造成有輸有贏的團體撕裂；用看起來很完美的共識決，則會有曠日費時、決策太慢的問題。

大部分的情況下，我更推薦使用認可決 (Consent)，問問成員對這個提案有沒有反對意見？反對的原因是什麼？看到什麼風險？根據反對意見調整提案，沒有重大反對意見就決定往下落實，之後再定期回顧調整決策。我覺得認可決平衡了決策效率與成員投入度，讓事情可以推進，同時大家又有參與感。

工具與企業整體 ABC 的關係

	Scrum	看板	引導	教練	薩提爾	精實	專案管理 PMP	使用者體驗 UX	極限編程 XP
使命			V	V	V				
願景			V			V	V		
溝通		V	V	V	V				V
關係	V								V
創新				V		V		V	
制度	V						V		V
利潤									

很多人看到全員參與制就以為公司每個人對每個決策都可以參與，這是錯誤的認知，在全員參與制中，除了從上到下的部門指派一位團隊領導到團隊，團隊則用認可決選派一位代表，往上參與部門的決策。所以每個層級參與決策的人數還是少的，我認為超過 10 個人參與的決策就會失能，請參考帕金森定律 (Parkinson's Law)：在工作能夠完成的時限內，工作量會一直增加，直到所有可用時間都被填充為止。委員會人數越多，決策就越無效，而且會針對雞毛蒜皮的事情花很多時間，因為大家都切身相關的就只有這些小事情；大的專案因有專人對其了解最

清楚，反而大家無感。

E 實驗的部分，關注在我們是否有把大專案嘗試拆分成小的專案，用小的專案來測試我們的假設或驗證對市場的想像。避免一次投入太多的資源和心力，把每一個專案都當成是一個實驗，我們期待在這個實驗中獲得什麼樣的結論或發現呢？

因為投入的資源和心力小，對組織的壓力就不會那麼大，也更可以容許失敗或是錯誤的發生，很多科學上重大的發現，都是誤打誤撞之下的結果──男性聖物威而鋼，本來是為了治療心臟病；發現盤尼西林是因為忘了幫培養皿蓋蓋子；微波爐的發明起因於口袋中的巧克力被融化。科學發展了幾百年，但科學的初衷是為了更好地探索世界，近代反而成為考試的標準答案，演變成人類理解世界的限制，想必這是科學先驅們所不樂見的結果吧。

從敏捷平衡循環 ABC (Agile Balance Cycle) 加上 D（決策 Decision Making）與 E（實驗 Experiment），運用這個 ABC-DE 模型來分析診斷您的組織，對症下藥，甚至能在疾病尚未發作前就提早預防，以幫助您的組織更健康、更敏捷。

敏捷平衡循環 ABC

7-3 管理定律：領導者不可不知的五大定律

企業管理過去是溝通，現在是溝通，未來還是溝通。

——松下幸之助

日本經營之神

在〈每個程式設計師都該知道的五大定律〉這篇文章中有到五個定律，我認為其中不論是對於開發或者系統組織而言，都非常有幫助：

1. 墨菲定律 (Murphy's Law)
2. 高德納定律 (Knuth's Law)
3. 諾斯定律 (North's Law)
4. 康威定律 (Conway's Law)
5. 帕金森瑣事定律 (Parkinson's Law of Triviality)

墨菲定律 (Murphy's Law)

「只要有可能出錯，就一定會出錯。」
Anything that can go wrong will go wrong.

系統性問題要用備源、防呆、容錯、再確認等等機制處理。

舉例：從 815 大停電談「系統的崩壞」。

815 全台大停電，你搞清楚發生什麼事了嗎？

高德納定律 (Knuth's Law)

> 「在時機未到時優化是萬惡之源。」
> Premature optimization is the root of all evil.

　　浪費就是罪惡。

　　根據 TOC 限制理論，任何時候都只會有一個瓶頸在限制組織或個人的成長，所以只要專注於找出目前的瓶頸並改善瓶頸的產能就夠了，不需要在非瓶頸的地方投入資源改善──因為這對整體產出價值不但沒有幫助，還浪費了投入的時間和心力。

　　舉例：8 張圖帶您看高鐵三新站中，為何彰化站人潮比雲林和苗栗站少。

8 張圖帶你看高鐵三新站中，為何彰化站人潮比雲林和苗栗站少

諾斯定律 (North's Law)

> 「每一個決定都是一次取捨。」
> Every decision is a trade off.

　　俗話說：「天下沒有白吃的午餐。」任何事情都有好有壞，想要獲得就要有所犧牲，不論是系統設計或人生，都是如此。

　　舉個例子，有個政治人物曾說：「您要一例一休，就永遠成不了大人物！」

康威定律 (Conway's Law)

「一個組織的系統設計，會反應出組織本身的溝通結構。」
Organizations which design systems... are constrained to produce designs which are copies of the communication structures of these organizations.

簡單來說，就是從產品和服務呈現的狀態，可以推測出一個公司內部的溝通情況，甚至是組織架構。所以改變組織架構或增加溝通渠道，都可以改變產品或服務的走向。

以政府來說好了，大多機關提供的服務，只要是跨部門，就容易有斷層這件事，這也可以判斷出政府溝通是缺乏橫向鏈結的，甚至在組織架構的設計思維，便是刻意讓部門互相制衡。

舉例：怪咖系列紀錄片【有時 Mama, 有時 Mimi】。

怪咖系列紀錄片【有時 Mama, 有時 Mimi】

帕金森瑣事定律 (Parkinson's Law of Triviality)

「組織成員會投入不成比例的心力在瑣事上。」
Members of an organisation give disproportionate weight to trivial issues.

做瑣事既簡單又容易看到效果，還可以讓自己看起來很忙；反而重大的事情，要做好就必須投入很多時間、心力去研究和準備，此外還要忍受過程中看不到立即成效的失落感。

80/20 法則說明：只要專注於 20% 能帶來最大價值的工作，因此要選擇戰場，不做低價值的工作。

這五大定律只是概念，因此我整理了一些學習資源，可以讓人更具體地了解關於敏捷的資源取得。

舉例：有限時間內如何提高工作效率？用 8020 法則幫你創造更高價值。

有限時間內如何提高工作效率？用 8020 法則幫你創造更高價值

7-4 團體動力：打造理想團隊的必修功課

沒有人，包含我自己，可以做到偉大的事情。

但我們每個人都可以做些小事，懷抱著偉大的愛，一起協力之下我們可以做出美妙的事情。

None of us, including me, ever do great things. But we can all do small things, with great love, and together we can do something wonderful.

——泰瑞莎修女 (Mother Teresa)

諾貝爾和平獎得主

引導乍看之下是一門很抽象的學問，好像很不容易理解，但其實既然團體是由人所組成的，只要觀察人的行為就可以推測團體運行的情況，而研究團體運行情況的學問，就是團體動力學 (Group Dynamics)。了解團體動力學不只對引導有幫助，在制度和政策設計，甚至是空間規劃，到最常見的開會，有團體動力學的協助都會如虎添翼。由於團體動力學所包含的學科有許多，如心理學與社會學，在這邊我們就只針對常見有用的模型討論。

以下我會分別針對：Google 高效團隊的五個共同點、團隊發展的五大階段 (The Five Stages of Team Development)、團隊領導的五大障礙 (The Five Dysfunctions of a Team)、CDE 模型，這幾個我覺得在實務上最有幫助的模型來討論。

高效團隊的五個共同點

先來談談 Google 在 2015 年對內部 180 個以上的團隊所做的調

查，他們想要分析出高效團隊所具有的共通特徵有哪些，最後得出了高效團隊有五個共同點，重要性從高到底分別是：

1. 心理安全感 (Psychological Safety)

    團隊成員對冒險感到安全，並且在彼此面前展現脆弱的一面。

    領導者是否願意保持開放的態度傾聽，理解成員所遇到的困難和挑戰，當問題發生時候先處理情緒再解決問題，能以有效的引導技巧讓大家把心中的話說出來，這些都可以幫助到心理安全感的建立，這也是影響力最高的一個關鍵。

2. 可靠度 (Dependability)

    團隊成員可以準時交付任務，工作成果符合期待。

    可靠度則可以運用看板把工作情況透明化，讓彼此了解工作的進度，以及有需要的時候可以尋求協助。開會的時候由成員自行提出預期成果和解決方案，是一個確認需求的方式，幫助校準，減少重工的發生。

3. 架構與清晰度 (Structure & Clarity)

    團隊成員了解彼此的角色和專長，也知道團隊的計畫和目標。

    定期的目標設定和檢視，目標要符合 SMART 原則：S = 結果具體可見 (Specific)，M = 結果可量測 (Measurable)，A = 合理可達成 (Attainable)，R = 和工作有關聯性 (Relevant)，T = 達成時間 (Time-based)。團隊私下的關係也會幫助了解彼此更多的優勢和特質，進而協助提高團隊的默契。

4. 工作的意義 (Meaning of Work)

    對團隊成員來說，工作對個人是有意義的。

5. 工作的影響 (Impact of Work)

　　團隊成員認為工作很重要，而且可以創造改變。

　　後兩者我想一起討論，因為我覺得區分沒有太大意義。就我的經驗，能自由地提出想法，想法有被慎重地考量，就會對工作產生投入感。看到自己的工作對團隊目標的影響，也能產生主人翁意識 (Ownership)。我想要提醒這兩點所造成的影響，並沒有前三點高，這也是此研究最有價值的地方，心理安全感的高低對知識型態的工作團隊影響很大。

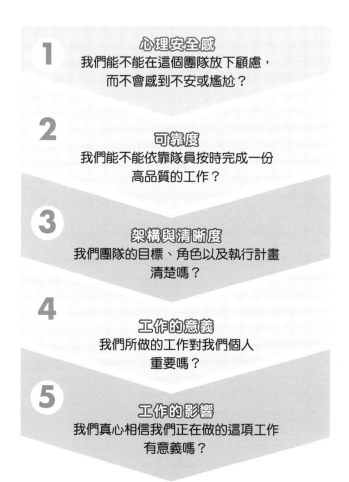

團隊發展五大階段 (Tuckman Stages of Team Development Model)

　　這個模型著重的是時間對團隊表現的影響，在團隊組成後，隨著時間的推進，團隊在效能上的變化會分成五個階段：形成期 (Forming)、風暴期 (Storming)、規範期 (Norming)、表現期 (Performing)、重整期 (Adjourning)。

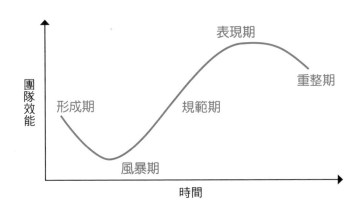

　　團隊一開始在形成期都會很有禮貌，顧慮彼此的感受，從而表現出最好的一面，所以這個時候的效能還算不錯，就如同剛剛交往的時候總是最美。但隨著彼此的認識增加，摩擦和不滿也會累積，這時就進入了風暴期，風暴期的效能是最低的。光看這張圖會有一個錯覺，就是風暴期之後一定會進入規範期，但其實不一定，如果團隊無法從風暴期走出來，效能就會一直在低點。如果經由磨合或是有效地引導，團隊建立了默契和信任，效能就會提升轉變到規範期；如果隨著時間能力有持續增加，就可以進入表現期，這也是團隊效能最高的時期。儘管如此，天下無不散的筵席，如果工作內容沒有改變，團隊成員會產生倦怠感、效能會降低，這時候就是重整期。

　　對領導者和團隊的考驗，就在於每次團隊成員的改變，比如人的離

開或加入，都會讓團隊重新回到形成期，進入風暴期。所以迎新的重要性不只是個形式，而是如何快速讓新人了解團隊既有的模式和文化，團隊成員可以包容與知道如何提升新人的表現，只有一起吃飯是沒有辦法建立信任的。而最終重整期的處理方式，則是著重在於如何讓團隊在工作上持續保持新鮮感，不論是人員的調換輪派，或是工作內容的轉換、工作能力的提升等等。

團隊領導的五大障礙 The Five Dysfunctions of a Team

書中提到團隊建立的五大關鍵因素，從最基礎的建立信任、面對衝突、願意承諾、勇於當責到最終的關注成果。我認為透過在會議上有效地引導，至少可以幫助團隊前三項關鍵因素的成長，也就是建立信任、面對衝突、願意承諾。值得一提的是，這五大障礙是有先後順序關係的，一定要先從前面，也就是最基礎的慢慢開始建立，比如說如果缺乏信任但勇於面對衝突，就會流於彼此的爭吵指責，對團隊的成長幫助不大。

因為這個模型有出書了，所以這邊就不解釋太多，有興趣的朋友可以參考《克服團隊領導的 5 大障礙：洞悉人性、解決衝突的白金法則》一書，用淺白簡短的故事，來說明如何一一克服這五大障礙。

CDE 模型

CDE 模型是由人類系統動態學院（Human Systems Dynamics Institute，簡稱 HSD 學院）所提出來的一個模型，我很喜歡這個模型，因為只要觀察三個面向就可以概括人類系統動態，這三個面向分別是 C 代表容器 (Container)、D 代表差異 (Difference)、E 代表交流 (Exchange)。

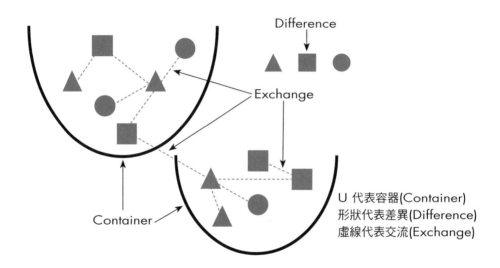

容器可以是一個家庭、一個班級、一個小組、一間公司，甚至一個國家，我們第一步就是先定義容器的範圍。容器確定了，接下來就可以觀察這個容器中的人們，差異性是高還是低、交流度是高還是低，因為過高或過低都無法讓人們的動態最佳化，所以需要做相對應的調整。

差異性指的是影響決策最大的那個分歧點，可能是對工作的期待差異太大，如果差異太大的處理方式可能包含增加對話、找出共同的目

標、更換人員等等。差異太小也不好，容易造成同溫層小圈圈決策，做出的決策跟真實世界能接受的差太多，這時候可以調整的方式包含增加成員的多元性、提出挑戰、確認彼此的共同目標是否一致等等。

　　交流度可以包含資訊、能力或是任何資源的交換。在會議中的交流少，可以應用引導的小技巧，創作更多對話和交流；如果交流太多，也可以用引導的方式收斂出結果，或是先休息，讓大家冷靜一下。

　　善用技巧改變容器內的差異性或是交流度，就可以影響團體動力的走向。

7-5 引導技巧：推動團隊往前邁進的不二法門

沒有人比我們全體更聰明。

None of us is as smart as all of us.

——肯尼斯・布蘭查德 (Kenneth Blanchard)

當代管理大師，情境領導理論共同創始人

引導的技能是在探討如何利用群體的智慧產生 1+1>2 的效果，讓開會和討論更有價值。而如何幫助團隊成長，我覺得最重要的工具就是引導 (Facilitation)，在 Scrum 架構中，也主張引導是 SM 的職責之一。

引導是這麼重要的技能，但在台灣知道的人並不多。其實在許多的跨國公司，比如星展銀行，公司內部還會有多位專職的引導師幫助各個部門會議的舉行。

然而引導這兩個字可能會讓人誤會是心中有一個方向，然後「引誘加誤導」大家往這個方向去。就如同有十多年引導經驗，ICA 認證的資深引導師林思玲 (Frieda Lin) 所說，引導的英文本意是「使容易」，所以引導師是幫助團隊一起「容易」地找出目標和方向，而不是讓大家往引導師心中的方向走。

在我接觸並開始學習引導後，我發現會議開起來更有效、自己的工作壓力更小，團隊的投入程度也提高，就像是施了魔法一般。

鈦坦科技也在年度會議中，多次邀請費樂理 (Lawrence Philbrook, Larry) 和林思玲 (Frieda Lin) 引導師協助引導，匯集了全部鈦坦夥伴的智慧，產生新的年度計畫，也在 2017 的年度會議產生新的願景使命和價值觀。蔡

服從多數但你有尊重過少數嗎？引導是什麼？（上）

梅萍 (Connie Tsai) 引導師與我合作客戶的年度會議引導，也取得了很正面的迴響。

引導有許多的工具和方法，比如說唐鳳提過的焦點討論法 ORID，團隊共創法，善用便利貼與白板把每個人的想法視覺化，以 3-50 人的小組討論再跟大團隊分享結果，大家輪流發言讓每個人的聲音都被聽見，以認可的方式決策平衡整體效率與個人平等性，都是一些很簡單、容易上手的技巧。

我會大膽地說，引導技巧的深度決定了團隊自組織的強度。在跑 Scrum 時，團隊會經歷許多的會議，像是站立會議、規劃會議、檢視會議、自省會議等等。如果會議有效，這些投入的時間就能夠轉化成團隊成長的養分。在鈦坦科技為了強化團隊的自組織和溝通能力，焦點討論法 ORID 也列為每位鈦坦人的必修課程，而不是只有 SM 需要具備的技能。

我自己在學習引導時，除了學到工具與方法，對我個人成長也有很大的突破，我學會了如何打開耳朵用心傾聽對方的想法，也更容易聽到自己內心的聲音；學會在心情不好時先停頓一下，再選擇更好的表達方式；我也可以感受到團隊能量的流動，從而決定當下要做什麼對策；使用開放式的提問 (Open Questions)，讓我看見更多的可能性和聽見團隊內心的想法，從而做出更合適的決策。《引導者的工具箱》一書中提供很多的方法，對如何流暢地使用引導很有幫助。

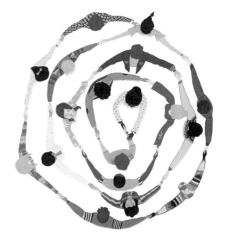

說到引導，就必須提到公認最專業的引導訓練機構：ICA 文化事業學會 (The Institute of Cultural Affairs)，ICA 是個致力於建設平等和諧社會的國際性非營利組織，從

1973年起就公益參與各個國家的社區再造，希望在人人平等的情況下一起找出願景和方向，從而使得每個人都能夠參與並支持社區的成長。

也因為有這麼多年策劃參與式會議的經驗，讓ICA得以歸納出一整套實證有效的方法論：參與技術TOP (Technology of Participation)，讓人人在參與決策的同時還能保持工作效率。我接觸到引導後，就更看到了創造自我管理團隊的希望光芒，後來在鈦坦科技也見證了自組織團隊的成功，這一套引導技巧真的很強大。

值得一提的是費樂理 (Lawrence Philbrook)、衛格爾 (Gail West)、衛理奇 (Richard West) 這三位元老級的ICA成員，為了把引導技術帶到華文社會，從1989年開始就以台灣為家，所以在台灣可以參與到一整套完整的引導課程，這是其他國家少有的學習機會，許多人還會特地飛來台灣學習引導，在台灣就可以很親近這個國際知名的引導課程真的很幸運，推薦給想讓團隊更好的您。

前面提到有許多好上手、易使用的引導技巧，在開會中可以嘗試一次選擇一個方法，只要做小小的改變，就能讓您的會議有大大的不同。以下資源可提供參考：

1. 《引導者的工具箱——帶動會議、小組、讀書會，不怯場更不冷場！》

　　可以說是活動工具的手冊，列出了上百種可以幫助引導的工具，在每個會議都可以應用。是輕薄短小的工具書。

2. 《ICA Taiwan》

　　有提供引導者的技能課程，和引導服務。我們團隊有參加過Larry主持的深度匯談 (Dialogue) 課程，體會很深刻，感覺自己的敏感度和可以接受的頻率往上提高不少。而焦點討論法 (Focused

Conversation) 更是讓談話更有效的強力工具。

　　ICA 所提供的焦點討論法 (Focused Conversation)，對於日常的提問或是會議上的引導，都幫助很大。

ICA 課程請由此進

3. 《開放空間科技引導者手冊》

　　開放空間 (Open Space) 是在很多人參與時，用來深入討論、了解問題、找出對策，最適合的方法之一。

4. 《引導反思的第一本書》

5. 《革新遊戲》

6. 《Facilitation 引導學：創造場域、高效溝通、討論架構化、形成共識，21 世紀最重要的專業能力！》

7. 《學問：100 種提問力創造 200 倍企業力》

7-6 全員參與：提升投入感與 參與度的組織架構

> 對我們來說，全員參與制是一種思維：所有的需求都重要，不論何時。
>
> 需求包含我們所服務對象的需求、協力工作夥伴的需求、所有地球上相互依靠各種生命的需求，與之後世世代代的需求。
>
> ——出自 Many Voices One Song（《全員參與制手冊》）

組織最基礎的單位：圈圈 (Circles)

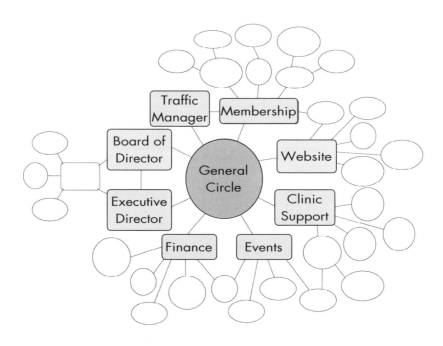

圈圈是由因同樣目的 (Aim) 而聚集在一起的人所形成，每個圈圈都是半獨立 (Semi-autonomous) 和自組織 (Self-organized)。圈圈內沒有層級關係，但圈圈與圈圈之間會有層級關係。

擁有圈 (Holding Circle) 是最外層，也是圈圈整體的擁有者，如公司中股東或協會的會員。通常由擁有圈指派代表到總圈圈 (General Circle)，總圈圈負責確保組織日常整體的營運和溝通協調，並定義出第一層的圈圈，之後每一個圈圈自行定義其下級圈圈的角色和權責。

圈圈內的決策方式：認可決 (Consent Based Decision Making)

為了能獲取每個人智慧和多元的意見，也為做出夠好而可以進行、夠安全而可以嘗試 (Good enough for now, safe enough to try) 的決策，全員參與制使用認可決。大概的流程是每個人輪流針對提案說出自己的觀點，純發表，避免討論。

之後每個成員輪流說出自己的決定，會有三種可能：「我同意」、「我同意但有顧慮」、「我有重大的反對意見」。在全參制中，只是歡迎反對意見，因為反對意見是取得智慧和完善決策的好機會。重大的反對意見提出後，就需要針對意見做提案的修改，然後持續進行直到沒有人有「重大的反對意見」才算提案通過。而且之後隨時可以提出讓決策更為完善的提案。認可決整體的精神就是鼓勵試驗，只要不死人，就先試了，依照成果學習再改善，並持續進行。

認可決也稱為建議流程 (Advice Process)，任何人都可以做任何決定，只要符合兩個先決條件：一是有詢問過重大利害關係人的意見，二是沒有重大的反對意見。

特別要注意的是，很多時候如在進行引導時，沒有提出反對意見就是算認可的，不出聲＝默許＝認可，所以環境的安全度很重要，要想辦法鼓勵有反對意見的人敢於表態。

圈圈間的溝通：雙連結 (Double Linking)

圈圈間溝通是使用雙連結，每個圈圈會指派一個代表到其下級圈圈，而每一個下級圈圈會選出一個代表參與上級圈圈的決策。所以每一個圈圈會有兩位成員參與上級圈圈決策。不只是有上下級關係的圈圈，有緊密關係的圈圈也會互派代表，讓決策方向和力量可以保持一致。

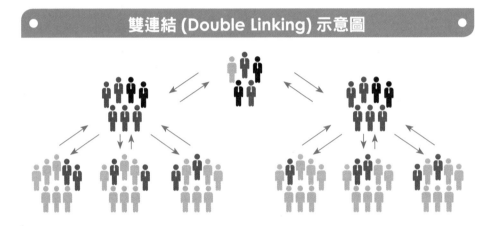

雙連結 (Double Linking) 示意圖

下級圈圈代表

Delegate/Representative/Rep Link/Uplink/Outlink

Rep Link 是 Holacracy 中的專有名詞，是指由圈圈選舉出來代表他們參與上級決策的角色，代表的是下級圈圈的觀點。Sociocracy 中沒有定義，我會傾向直接借用電信中的專有名詞 Uplink。

上級圈圈代表

Operational Leader/Leader/Lead Link/Downlink/Inlink

Lead Link 也是 Holacracy 中的專有名詞，指由上級圈圈指派到所屬圈圈，參與下級決策的角色，代表的是上級圈圈的觀點。Sociocracy 中沒有定義，但 Lead 這個字有從屬關係的感覺，我會傾向使用中性的名詞，如 Downlink。

7-7 限制理論：找出組織的瓶頸並突破

當我們接受了自身的限制，我們就超越了它們。

Once we accept our limits, we go beyond them.

——阿爾伯特‧愛因斯坦 (Albert Einstein)

創立相對論，諾貝爾物理學獎得主

工作是做不完的，事情是處理不完的，但時間有限、心力有限、人力有限，我們要如何突破現狀呢？

我們身處在一個物質的世界，物質的世界就有限制，所以我們可以努力地試著突破限制。限制理論 (Theory of Constraints, TOC) 是由以色列學者伊利雅胡‧高德拉特 (Eliyahu M. Goldratt) 所發展出來的一種管理哲學，他的理論是所有的組織在當下只會有一個限制，只要我們能夠突破這個限制，就可以讓組織繼續成長。

限制理論有五大步驟：

1. 找出系統的瓶頸 (Identify the Constraint)
2. 充分利用瓶頸 (Exploit the Constraint)
3. 根據瓶頸調整做法 (Subordinate Everything Else to the Constraint)
4. 鬆綁系統的瓶頸 (Elevate the Constraint)
5. 避免慣性成為新的瓶頸 (Prevent Inertia from Becoming the Constraint)

① 找出系統的瓶頸

② 充分利用瓶頸

TOC
聚焦五步驟

⑤ 避免慣性成為新的瓶頸

④ 鬆綁系統的瓶頸

③ 根據瓶頸調整做法

具體的做法，就是按照這個步驟出發，一步步往前走：

1. 找出系統的瓶頸 (Identify the Constraint)

找出目前限制組織成長的因素是什麼？

可能是知名度、轉換率、留存率、產品品質、使用者體驗、產品開發速度、品質穩定度、客服的對應等等。要先找出關鍵的限制因素，才能進行下一步。

2. 充分利用瓶頸 (Exploit the Constraint)

目前的瓶頸是否有最佳優化？

假設是客服，我們如何讓客服的效益最大化？是否所有的心力和時間投入都有創造價值？如果沒有，那我們如何調整？當瓶頸的效能最大化，再進入下一步。

3. 根據瓶頸調整做法 (Subordinate Everything Else to the Constraint)

其他的流程和功能是否有在支持瓶頸？

客服已經效益最大化的前提下，資訊部門、營運部門、行政部門，甚至是人資部門，有在幫助客服部門的效益更佳化嗎？

4. 鬆綁系統的瓶頸 (Elevate the Constraint)

之前認定的瓶頸是否還是瓶頸？

當所有的資源和心力都投注在瓶頸上，這時候瓶頸可能會轉換到其他的地方，所以需要時時關注現況，持續驗證關於瓶頸的假設是否還成立。

5. 避免慣性成為新的瓶頸 (Prevent Inertia from Becoming the Constraint)

　　組織的成長沒有上限，所以當現在的瓶頸已經獲得鬆綁，新的瓶頸就會出現。為了避免組織陷入慣性，這時候就需要回到第一步，持續改善，讓組織能夠持續成長。

　　敏捷提供的是一個透明的機制，讓瓶頸曝露出來，接下來的改善方案才是重點。而 Scrum 和看板所提供的，就是專注，一次一事，讓我們的資源能夠全心投入在瓶頸上。

　　如果對限制理論有興趣的朋友，可以參考《目標：簡單有效的常識管理》一書，書中用故事舉例如何突破瓶頸持續成長，可以很容易地看懂如何應用。

7-8 教練技巧：協助個人持續成長的有效方法

> 我們無法教會人任何事情；我們只能幫助他們自己從內在去發現。
>
> We cannot teach people anything; we can only help them discover it within themselves.
>
> ——伽利略・伽利萊 (Galileo Galilei)
>
> *天文學家，現代科學之父*

有個人在駕駛熱氣球的時候迷途了，他看到地面上有一個人，於是他把熱氣球的高度降低，大聲地問：「抱歉，您知道我現在在哪裡嗎？」

地面上的男人說：「知道啊，您在離地面 10 公尺高的熱氣球裡。」

熱氣球上的男人說：「您一定是工程師。」

地面上的男人說：「沒錯，您怎麼知道？」

熱氣球上的男人說：「因為您說的話在技術上是正確的，但卻沒有任何用處。」

地上的男人說：「那您一定是主管。」

熱氣球上的男人說：「您怎麼知道？」

地上的男人說：「您不知道身在何處，或者要往哪裡去，但您卻期望我能夠幫助您。您現在的處境和我們剛才相遇時一模一樣，但您卻把錯推到我身上。」

把教練式提問練好，就可以避免這些無效的對話。

談到個人的成長，很多時候直接會想到的是能力的成長，比如說溝通能力、技術能力、業務能力等等，一般提升能力的做法就是教育訓練，在很多時候教育訓練確實是必要也是需要的，但總會遇到瓶頸。

在情境式領導的模型中，分成熱情與能力兩個面向，而一個成長階段會隨著能力逐步往上提升，對工作的熱情會改變，必須做出相對應的領導行為，才能幫助一個人的能力再提升。以下介紹情境式領導的模型：

S1. 低能力，高熱情

可用小牛代表，初生之犢不畏虎的時期，剛剛接觸一個新事物時，人都會充滿好奇心，好奇心會引發熱情，儘管能力很低，但會不斷地嘗試，所以這時期要提供教育訓練，直接提供解決方法，工作上直接下指令，要求用指定的方式執行，對這個人的幫助會最大，也就是命令式領導。

典型的對話會是：「這個就這樣做。」「這樣做的好處是什麼？」

S2. 少許能力，低熱情

可用貓咪代表，能力到一個程度後，新鮮感會降低，好奇心會減少，因而開始產生倦怠感，熱情就跟著降低。這個時候就需要使用教練式領導，主要用提問的方式，幫助這個人找回對該事物的熱情，讓他找到之前沒有覺察的視角，重新找回好奇心提升熱情。比如：「從這個角度看會是什麼樣子？」「對方會怎麼想？」「您的考量是什麼？」這些都是對事物的提問。

S3. 中度能力，不穩定的熱情

可用獅子代表，能力提升後，熱情會不穩定，忽上忽下，端看他的心情如何。這時候支持式領導就最能發揮作用，支持式就是注重在團隊成員間的關係、團隊的合作情況、心理上的支持，還有對承諾的重視。領導者是否能建立信任感與心理安全感是很重要的因素，如果領導者無法建立信任，成員就會卡在這裡，能力無法提升。這也是傳統命令與控

制式的公司，大部分員工能力會停滯不前的原因，因為成員與公司之間缺乏信任感的支持，讓員工能力無法進步到下個階段。關於關係和情緒的問句會增加，如：「最近團隊運作的狀況如何？」「最近的心情如何？」等等對於人之間關係和情緒的提問。

S4. 高度能力，高熱情

可用虎鯨代表，這個時候這個人已經體認到樂趣是自己決定的，可以自己從工作找到新的發現，持續改善做事的技巧，從而持續取得成就感，也知道如何保持熱情。這個時候授權是最好的方式，提供足夠的舞台讓成員發揮，這個就是授權式領導。對話就會趨向確認目標的一致，對過程則交由成員自行決定，比如：「這專案的目標是什麼？」「您預期會得到怎麼樣的結果？」

從這個過程可以看到，從 S2 貓咪階段開始，就需要有教練的能力了，具備教練能力的主管，就能夠協助成員能力一路提升，從 S2 貓咪成長到 S3 獅子，最終成為可以遨遊四海的 S4 虎鯨。

在企業中適合做教練的時間，大部分是問事情的對話，也就是幫助 S2 貓咪階段的教練式領導，在平常會議中，或是在工作指派時，肯定對方的努力、欣賞做得好的地方、導正可以更好的部分、著重在把事情完成的部分。

而在與成員進行一對一會談時 (One-on-one)，就適合可協助 S3 獅子階段的支持式領導，一對一會談可以是以比較輕鬆的方式，如到外面吃頓飯、喝個咖啡或是飲杯小酒，肯定對方的正面意圖，幫助對方看到自己思維的盲點，著重在對個人成長的部分。

一對一是主管很重要的管理工具，因為一對一可以讓彼此的連結更深，也更容易了解成員遇到的狀態，需要善用開放式提問，確認彼此的期待，以正向的提問幫助對方突破框架，看見更好的可能性。我建議是

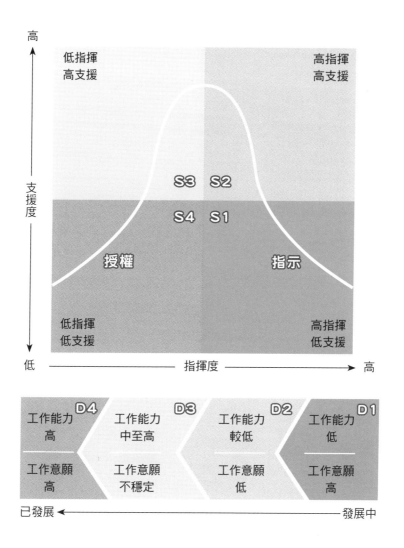

1 個月一次一對一，至少 3 個月要一次。

　　即使已經是 S4 虎鯨階段的成員，主管也應該定期一對一，因為人的狀態可能會改變，而人的成長潛能是無限的。就如同周哈里窗 (Johari Window) 中所提到的，我們每個人都會有別人看得到，但自己看不到的盲點。而在我被教練的經驗中，有效的提問和教練的支持，可以幫助看到自己之前沒有看到的盲點，進而擴大自己的認知範圍和選項。

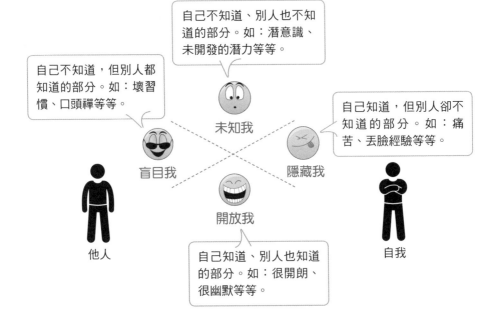

周哈里窗

	自己知道	自己不知道
他人知道	**開放我** 在人前展現的一面，或外在看得到的部分，我和他人都認識的自己。	**盲目我** 他人看出的某些特質，但自己並未察覺。
他人不知道	**隱藏我** 沒有讓他人知道的一面，可能是過去、個性、行為等等。	**未知我** 我與他人都未發現的自己，潛在特質或尚未有過的經驗，需實際發生了才知道。

自己不知道、別人也不知道的部分。如：潛意識、未開發的潛力等等。

自己不知道，但別人都知道的部分。如：壞習慣、口頭禪等等。

未知我

自己知道，但別人卻不知道的部分。如：痛苦、丟臉經驗等等。

盲目我

隱藏我

他人

開放我

自我

自己知道、別人也知道的部分。如：很開朗、很幽默等等。

課程的資源學習

我參加過陳茂雄老師和達真教練學校的課程，對我發展提問能力的幫助很大，在學習教練前，我覺得自己已經很會提問了，關於事情跟脈絡、前因後果，我都可以問出答案。去學習教練後，我才發現我的提問

都是針對「事」，但對「人」的好奇心不夠，這讓我有發現新大陸的感覺，進而得以往對人的好奇探索，看到每個人的努力，欣賞每個人的特點。在達真教練學校的學習中，梅家仁 (Joyce Mei) 校長的無我利他、蕭聖築 (Amanda Hsiao) 老師的清晰講解、楊守芹 (Gin) 老師的直指核心、徐國峰 (Thomas) 老師的溫暖一致、Chris 的謙遜溫暖、陳啟昌 (CC) 的經驗分享、大人教練的關鍵提問，與課堂中同學的練習，都讓我對教練的理解更深入，幫助我內化教練的技巧。

不打不成器？都成年了還有什麼方法？什麼是教練？（上）

在李崇建老師的「從自我成長到生活應用──薩提爾模式導入」課程中，我學習到如何關心對方的情緒、貼近自己的情緒，當體驗到情緒後，就容易覺察自己當下的情緒、因此能夠選擇考量自己、他人、情境三者後的一致性表達，讓溝通更順暢。不但對我自身的情緒管理很有幫助，也讓我更可以跟對方連結。

李崇建老師的 6A 情緒管理技巧，讓我得以更認識與貼近自己的情緒，6A 技巧流程如下，自己跟自己說以下的對話，引號（「」）中的情緒可以自行替換成當下最強烈的情緒：

1. 覺察 (Aware)：我感覺到了自己在「難過」。

2. 接納並允許 (Accept & Allow)：我願意接納，並且允許自己感到「難過」。

6A 情緒覺察練習

3. 接近 (Approach)：我願意靠近這個「難過」的自己。

4. 陪伴 (Accompany)：我會陪伴這個「難過」的自己一會兒。停頓，陪伴並感受身體的感覺至少 1 分鐘。

5. 行動 (Action)：深呼吸 5 次，讓情緒流轉到體外。

6. 欣賞 (Appreciate)：我欣賞儘管那麼「難過」卻還是那麼努力的自己。

先把前四個 A 做好 (4A)，至少做到純熟（大約 1 個月），再開始做完整的 6A。

之前我常常陷入對人或對事的拿捏中舉棋不定，而我經常選擇直接對事不對人，因為我不知道如何兩者兼顧，我也不知道如何肯定對方。我的教練學長 Paddy 就跟我說過一句話：「如果無法肯定對方，代表無法肯定自己。」一語驚醒夢中人，自從我開始練習每天肯定自己後，就知道如何肯定對方了。

而在學習教練後，我看到了同時關注事和人的可能性，也就是「先照顧情緒，再處理事情」。在對話中先同理對方的情緒，肯定對方的正向意圖，欣賞對方的努力和特質，發掘對方的渴望，這邊都是照顧情緒的方法。接下來再表達自己的期待，校準彼此的期待，導正對方的行為，讚美符合期待的表現，以上則是處理事情的方法。經由先照顧情緒，再處理事情，就可以成為一個既有溫度，又可激發潛能，同時也關注績效的主管。

以下是教練相關的學習資源，發展教練能力的好處，除了了解自己，同時也幫助他人成長，並成為更具影響力的自己。

【書籍】

教練的方法著重如何在一對一的對話中，讓對方產生啟發而促成改變。

1. 《一分鐘經理》
   輕薄短小，1 小時可以看完的故事，而且囊括了大部分教練的關鍵思考點。
2. 《激發員工潛力的薩提爾教練模式》
   將薩提爾的冰山模型應用到教練中的方法。

3. 《顧問成功的祕密》

   傑拉爾德‧溫伯格 (Gerald M. Weinberg) 的經典書籍，如果想要當顧問，本書必讀。

4. 《薩提爾教練模式：學會了，就能激發員工潛力，讓部屬自己找答案！》

5. 《對話的力量：以一致性的溝通，化解內在冰山》

6. 《10 倍速成功：你的努力都用對地方了嗎？移除干擾，表現出乎意料！》

【機構】

旭立文教基金會

陳茂雄老師，有二十多年企業高階管理者的經驗，在擔任 IBM 大中華區電信媒體事業群的總經理之後，因為對人的高度興趣，而接受了正式的心理諮商專業訓練，成為企業領導者教練。為幫助領導者提升事業達成目標，定期在旭立文教基金會開設「從自我覺察到發揮影響力工作坊」和「薩提爾教練模式」課程。

旭立文教基金會

達真國際教練學校

達真國際教練學校的梅家仁 (Joyce Mei) 校長，在 2006 年對教練產生興趣，因此到國外學習教練，之後把教練帶入台灣，成立台灣第一所教練學校，同時也是華人第一位大師級教練 (Master Certified Coach, MCC)，在達真教練學校可以學習到以「無我利他」為核心的教練方法。

達真國際教練學校

從自我成長到生活運用工作坊

敏銳的感受力，豐富的生命體驗，可以在幾句話之中就打動人心的李崇建老師，在長耳兔開設的「從自我成長到生活運用工作坊（薩提爾模式導入）」課程。

長耳兔心靈維度

蘭盈國際管理

致力於推動教練陪伴與輔導計畫顧問講師的鄧雲暉博士，是台灣少數同時擁有組織管理心理學博士、市場行銷與消費心理學背景，並結合國際級專業教練 PCC 資格認證的顧問講師。擅長於領導個人與團體的管理技能、溝通技巧，以及激發個人優勢能力。鄧雲暉博士創立的蘭盈國際管理，是教授以「探索優勢」為核心的教練方法。

蘭盈國際管理

說到正念，經常有朋友會說：「啊，我知道正念，就是要往好的地方想。」

其實這不是正念，往好的地方想比較像是正向思考（或是正面思考），但這也不全然對，正面思考並不是要我們都往好的想，更非不容許有負面情緒的出現。

就我的觀點，正念就像是幫我們的頭腦踩一個剎車，慢下來看一下、聽一下、感受一下正在發生的事情。在平常的狀態，人一般都會跟著之前的慣性走，然後就會有「我說了幾百次都沒有用」、「他每次都會在這裡出錯」、「夫妻每次都因為同一件事情吵架」等等重複的抱怨。

這些都是正常的，當我們沒有意識地覺察的時候，大腦會依照最省力的路徑，也就是已經習慣的路徑走，儘管我們都知道這條路的終點，依照過去的方式會產生一樣的結果，但還是不由自主地踩著油門就上路，然後事後再來後悔應該不要走這條路。

而正念的練習，就是幫大腦裝一個剎車，可以慢下來思考一下，我還要按照之前的路走嗎？還是可以選擇另外一條路？如果想要更能夠控制自己的情緒，避免做出後悔的行為，請參考「7-10 正念練習」。

而正面思考常見的誤區，就是要否定自己所認為不好的、負面的、有害的想法，如果真的這樣做下去，其實對自己沒有幫助，反而會越來越否定自己，降低自己的自信心。

正向思考是指我們全然地接受所發生的一切，包含已經發生的事實、自己所感受到的各種情緒，還有各式各樣的想法，這些我們都知道，也都接受它們的存在，亦不需要因為這些想法去否定自己。全然地

接受它們的存在，這樣我們會更穩定、更接納自己，從而自由地選擇下一步我們想做的是什麼。

正向思考，就是回答「我想要的是？」這個問題，而通常我們會給出「我不想要」的回答，比如：「我不想要累」、「我不想要被罵」、「我不想要吵架」，但這些想法反而更容易吸引您所不想要的事情發生，所以換一下說法：

「我不想要累，我想要舒服。」那就直接說：「我想要舒服。」

「我不想要被罵，我想要被稱讚。」那就直接說：「我想要被稱讚。」

「我不想要吵架，我想要開心。」那就直接說：「我想要開心。」

從「不想要」到「想要」的改變，就是正向語言，所以正向思考在前，正向語言的表達在後面，這是一體兩面的事情。

儘管正向思考與正向語言說起來簡單，但做起來不容易，這還是回到因為大腦思考的速度太快了，往往是事後，我們才覺察到已經說出或甚至做出會讓自己後悔的事情。

這時候，正念就是一個很好的幫手，幫助我們把思緒慢下來，讓正向思考和正向語言有上車的機會，再一起決定我們想要前往的方向是哪裡。

看到這裡，你想要的，是什麼呢？

你經常分心嗎？有試過正念嗎？正念？正面？（上）

7-10 正念練習：把自己的感受找回來

　　許多朋友對正念有興趣，想知道如何正念。而本文是分享一個從理工背景出發、腦子中只有數據事實的人，是如何接觸並練習正念的，希望能幫助與我有相似情況的人，也可以輕鬆地享受正念帶來的好處。

　　關於正念能產生的效益，例如壓力降低、睡眠品質提升、慢性疼痛減少、幸福感提升等等，相關的科學研究已經很豐富，這邊就不再贅述，有興趣深入研究的朋友可以參考《天下雜誌》的文章：〈學得來的韌性：一顆不受擾的心〉。對於生活本來就健康快樂的人，我先恭喜您，而正念可以幫助我們更享受當下、更貼近自己、與自己在一起。

　　您上次與自己全然地在一起，沒有外在影像、沒有外部聲音、沒有睡著，是什麼時候呢？

　　我有講求邏輯、結果導向、跟我說事實少廢話的個性，所以在接觸正念這種感受型、個體差異性極大、每個人都不同體驗的領域時，充滿了挫折感。不但一開始沒有感覺，頭腦和身體找不到成就感，不知道如何繼續下去，因為這跟我過去的學習經驗完全不同，我過去的經歷都是可以看到成果的，不論是考試、財富的累積，或是公司的業績，都可以用公認的數字來驗證，而正念練習的進度，要如何驗證呢？

　　這是我依個人經驗，所總結出來的三個關鍵點：

　　放下學習，開始練習。

　　放下判斷，開啟感受。

　　放下期待，開放當下。

1. 放下學習，開始練習

　　我之前在企業管理或是軟體領域的學習經驗，是閱讀大量的書籍和

資料，歸納整理出自己的學習點，然後再去實踐在生活中。

　　所以我在練習正念前，也是閱讀了大量書籍，而我在練習過程中發現，這些資料起到的作用大都是建立正念有效果的信心。如果你相信正念的效果，或是有過正念時與平常不同的體驗，我建議可以直接放下往外求的學習，不論是閱讀、看影片、聽有聲書，通通先放下來，直接進入練習，用身體來體會。

　　在練習過程中再回頭吸收資料學習，會更有感受、更有幫助、更有效地運用時間。練習方法如同台灣正念工坊執行長陳德中老師所說的：「可以短，不要斷。」每天練習 10 分鐘，抽不出 10 分鐘的話，5 分鐘也好，1 分鐘也很棒，重點在於持續不斷。捷運上、開會前、吃飯時，只要是可以安全自在的環境，都適合做練習。

　　我推薦的簡單練習是：10 分鐘正念呼吸、45 分鐘身體掃描，和正念飲食，這些都是很輕鬆簡單且一個人就可以做的練習。

　　看到這邊，先來個正念呼吸 10 分鐘，休息放鬆一下，再繼續往下看吧。

2. 放下判斷，開啟感受

　　開始練習正念的時候，會有很多的思緒跑出來，這都是正常的現象，想東想西是頭腦的工作和本能，而正念呼吸就是把專注力不費力地、慢慢地、輕鬆地，去觀察到想法的出現，看著想法離去，持續把專注力放回到呼吸上。

　　呼吸的時候感受吸氣時，空氣進入鼻腔、經過氣管、到達肺部的感受，也許空氣的溫度是熱、是溫、是冷，空氣的濕度是濕潤、是乾燥，呼吸的速度是快速、是平穩、是緩慢，全部都可放下，這些都是大腦的判斷，就如同美醜、好壞、優劣等等比較一樣，都是理性思維的產物，這些在正念練習中都可以放下。

　　就像我們走入會議室時，會有一種對於現場開會氛圍的感覺，知道

會議氣氛不對，或是回到家裡知道父母吵架了，這是人類天生俱有的身體能力，只是在長大的過程中我們沒有練習，所以漸漸地忘掉了。正念練習就是讓身體找回當下的感受，也許沒有文字可以解釋，也許沒有語言可以說明，也許是說不出來一種的感覺，這都很棒，這就是身體最根本、最純粹、最自然的感受。

慢慢地，可以將正念這種覺察的感受延續到生活中，包含吃飯、工作、與朋友交流等等，都會更專注與覺察，除了聽到自己身體的聲音，還可以感受到周圍情緒能量的波動，並且減少所受的影響。

我現在比較容易覺察到自己情緒與能量的變化，比如要開始生氣了，就可以深呼吸一口氣，讓自己安定下來，再來想如何應對，進而擁有更多行動的選擇。

3. 放下期待，開放當下

在一日靜心的課程中，有 8 個小時的時間不能交談與互動，全然地和自己在一起。在這 8 個小時的過程中，我體驗到了一種什麼感受、什麼事物、我自身都不存在，也不是睡著，而似乎是「空」的感覺。當下沒有什麼想法，直到回過神來，才發現自己剛剛的狀態是在空之中。

「當我們發現在心流中時，我們就離開心流了。」

——ICA 引導課，Larry

對照回來正念的練習，當我有過這個「空」的體驗之後，有好一陣子我都沒有這個感受，因為我太期待能有這個感受了，所以頭腦和身體太用力，一用力就無法輕鬆地練習，而正念的重點就在於放輕鬆。

所以我通常建議有在練習正念的朋友，放下對特別體驗的期待，就全然地體驗與接受當下所有身體所發生的感受，當放下期待時，有時候特別體驗就會發生了。當然正念所追求的並不是奇特或是特別的體驗，

就算沒有這些體驗，也可以發現自己平時的情緒穩定許多、心情愉悅許多。

所以如果有特別的體驗，就當作是額外的禮物，是登山時路上看到的漂亮風景，「無理由的幸福」才是我們登正念這座山的目的，您說是嗎？

除了上述的三個心法之外，以下提供其他幫助正念的方法：

在剛剛開始練習正念時，安靜的空間、舒適的坐墊，或是一些輔助工具，比如水晶、引導語、引導音樂、誦缽，或者輕鬆靜心、正念、冥想、靜坐的覺察寶──盒炁通寶（偷偷打一下廣告，也就是因為自身的體驗才會想要打造這個產品），都可以幫助我們更容易找回這種感受。

當我們慢慢可以掌握這種感受時，就可以跟放下學習、放下判斷、放下期待一樣，慢慢地把輔助工具放下，找回自己感受的同時，也找回輕鬆自在的自己。

宇宙之身
（靜心正念引導）

7-11 教育訓練：創造共同語言 幫助有效溝通

CFO（財務長）問 CEO（執行長）說：

「我們花錢培養員工提供教育訓練之後，如果他們走了怎麼辦？」

CEO 回道：「假設我們不培養，如果他們留下來怎麼辦？」

教育訓練不是萬能，沒有教育訓練卻是萬萬不能。如果好奇想要了解最新的敏捷教育訓練資源，請洽詢下列的機構：

社團法人台灣敏捷協會 ACT

舉辦與促成台灣敏捷高峰會、敏捷旅程 (Agile Tour)、Regional Scrum Gathering RSG 等等一年一度的敏捷盛事，現任理事長為 Hermes Chang（張昀煒）。

Odd-e Taiwan

Odd-e 專注於協助客戶開發出更好的產品，也是 91 Joey Chen（陳仕傑）與敏捷三叔公 David Ko（柯仁傑）所任職的公司，如果要提升團隊軟體開發的能力，Odd-e 是非常合適的選擇。

建威管理顧問集團

建威管理顧問集團提供多元的敏捷證照與課程，從個人敏捷力到大規模敏捷，創辦人 Davidian Chen（陳建璋）致力於強化台灣與各個國際敏捷認證系統的連結。

長宏專案

PMP 證照的內容完整地包含專案管理的各個層面，長宏專案培養出眾多的國際專案管理師 (PMP)，創辦人 Roger（周龍鴻）自身就培育超過一萬名的 PMP。

新加坡商鈦坦科技

鈦坦科技以自身敏捷轉型實戰經驗，在總經理 Tomas Li（李境展）的支持中大力分享「敏捷思維」與「實踐工具」，如看板軟體 Jira 和協作軟體 Miro 等等，並提供校園演講、公司與社群分享等服務。

我認為讓知識可以傳遞到學員身上，最好且最有效的方法，就是直接去上好老師的講師訓練課程，所以以下推薦兩個相關資源：

福哥的部落格

福哥的講師課程超級棒，有系統地整理出講課和簡報的技巧，公開班非常少，若有遇到千萬別錯過了。

憲哥的部落格

憲哥非常有感染力，聽到他的演講可以能量滿滿。要上到憲哥的課，也是要用搶的。

如果沒有資源可以支持您去上課沒關係，還有這些書也很有用：

1. 《提高轉換率，令人心動的行為召喚設計》

    不管是行銷人員、開發人員、設計人員或 PO，都可以藉此了解如何創造使用者想要的產品。

2. 《Mobile APP 設計企劃工作坊——如何打造五顆星評價》

    我認為這本是做 APP 的 PO 和設計人員必讀的書，也推薦給資深的開發人員。

3. 《認知心理學：洞察使用者的心》

    如果想了解人類如何認知和感受環境，這本書很有啟發。

4. 《遊戲人生：有效有趣的破冰遊戲》

    講師界的講師，楊田林老師整理出很多可以應用到訓練裡從做中學的遊戲。

7-12 好書推薦：從別人的經驗加速自身的成功

盡信書，則不如無書。

——孟子

以下，我將介紹幾本我自己認為很有用且也有必要讀的書目，供大家參考：

精實生產是以豐田生產方式 (Toyota Production System, TPS) 為基礎所發展出來的管理模式，著重的點在減少浪費。精實生產定義了以下八種浪費：非必要的運輸、庫存（包含零件與半成品）、非必要的人員或設備運動、等待、生產品多過需求、多餘加工、瑕疵、不滿足客戶需求的生產產品和服務。

而在軟體專案中，庫存、等待，以及不滿足客戶需求的生產產品和服務等三項是最常發生的，庫存就是沒有上線賺錢的軟體，等待通常發生在工作分派不均的情況，而生產的產品不滿足顧客需求更是常常發生。

《精實創業》(Lean Startup) 一書中，建議使用最小可行性產品 (Minimum Viable Product, MVP) 的方式盡快推出市場驗證價值，從而減少庫存和不滿足顧客需求所產生的浪費。這種使「每份投入都產生價值」的精實生產，也是敏捷常見的概念。

UX 使用者經驗書單和學習資源

敏捷和 Scrum 是以產品為核心，而產品是為了人而打造。

做決定時以使用者為中心，並真切了解使用者體驗，是敏捷團隊必備的技能。

雖然很多人會認為這是產品負責人的事，但我認為，如果沒有讓全部成員都把使用者放在第一位，那就很難做出感動人心的產品；而沒有感動人心的產品，團隊也就危在旦夕了。

基礎必讀區

記得：使用者才是老大！所以如何面對些使用者是最重要的。

1.《User-Centered Design 使用者導向設計》

團隊應該以怎麼樣的心態和方式來面對使用者。

2.《訂價背後的心理學：為什麼我要的是這個，最後卻買了那個？》

開發團隊要怎麼做出使用者要的產品。補充說明：這本是很實用的心理學，可以立即應用在產品訂價方面。

3.《敏捷思考的高績效工作術》

坂田幸樹認為我們應該要拒絕僵化的觀念，打破傳統。他透過「日本的拉麵在紐約的價格」的例子，打破我們對價值的認知，他強調，價值並非由成本決定，而是由顧客願意支付的價格來決定。

4.《團隊自省指南：打造敏捷團隊》

自省會議賦予團隊一個定期停下來的機會，反思和調整，以便更好地前進，這不僅是保持團隊健康的關鍵，也是確保工作流暢的重要手段。說起來容易，而如何將「檢討」轉化為「自省」，是實踐敏捷過程中的一大挑戰。

進階使用者介面 (User Interface) 設計選讀區

很多人會把 User Interface (UI) 和 User Experience (UX) 當成同一件事，但其實 UI 只是 UX 的一部分而已。

好的 UI 不代表好的 UX，而好的 UX 必須有好的 UI。

閱讀以下這兩本書，都可以有很多的收穫：

1. 《微互動，設計從細節出發》

　　如何微調互動介面讓使用更流暢。

2. 《Multi-Device 體驗設計：處理跨裝置使用者體驗的生態系統方法》

　　跨裝置的介面設計。

進階心理學選讀區

　　使用者是人，當然要談心理學啦！

　　以下是我自己喜歡的四本書，推薦給大家：

1. 《讓你荷包失血的思考謬誤》

　　這本書介紹了有趣而且常見的心理學謬誤，更提到如何利用這些謬誤。

2. 《粉紅色牢房效應：綁架想法、感受和行為的 9 種潛在力量》

　　此書漫談人如何感知、了解環境和怎麼被環境影響。

3. 《躲在我腦中的陌生人：誰在幫我們選擇、決策？誰操縱我們愛戀、生氣，甚至抓狂？》

　　這本書基礎談到大腦的運作方式，及大腦如何影響我們的行為。

4. 《覺察力：哈佛商學院教你察覺別人遺漏的訊息，掌握行動先機！》

　　這本書從真實事件來探討盲點的產生原因和克服方法。

個人成長必修

1. 《QBQ！問題背後的問題》

　　面對問題需要持有的態度是什麼？到底是誰的問題呢？這本書說明得很清晰。

2. 《你想通了嗎？解決問題之前，你該思考的 6 件事》

　　別急著開始解決問題，先搞清楚問題是什麼，會更容易解決問題。

3. 《學問：100 種提問力創造 200 倍企業力》

    關於如何問出好問題，這本書的範例都是很容易使用的。

4. 《領導者，該想什麼？：運用 MOI（動機、組織、創新），成為真正解決問題的領導者》

    敏捷開發的祖父傑拉爾德・溫伯格的著作，如果想要成為一個技術領導者與主管，我認為這本書的幫助很大。

5. 《覺 Beyond Mind》

    商場是自我修煉和精進的道場，如同作者在書中所說的：「三等人才為錢與權工作，二等人才為興趣工作，一等人才則是為愛和為大家工作。」以及對於老闆的分類：「三等老闆只想當老闆，二等老闆只為錢當老闆，一等老闆則帶著大家一起成長。」

團隊運作入門

1. 《帕金森法則，管理課上教不到的人性工作學》

    看完這本書就可以知道至少 80% 組織和團隊會遇到的問題。

2. 《第五項修煉》

    會學習的組織才能面對變化，書中談到如何讓團隊成為一個學習型組織。

3. 《團隊領導的五大障礙》

    利用故事來帶出如何讓團隊增加互信、提升效能的指導原則。

4. 《原來你才是絆腳石：企業敏捷轉型失敗都是因為領導者，你做對了嗎？》

    提供如何讓敏捷在企業與組織落地的具體方法，包含全員參與制、超越預算、開放空間會議。

5. 《薩提爾教練模式：學會了，就能激發員工潛力，讓部屬自己找答案！》

    運用教練技巧，能讓彼此更連結而且幫助個人成長。

6. 《Facilitation 引導學：創造場域、高效溝通、討論架構化、形成共識，21 世紀最重要的專業能力！》

　　　想讓團隊運作得順暢，擁有好的會議引導是最有效的方式。

7. 《團隊活化結構驚奇力量》

　　　當團隊活起來，身處其中的人們就活了起來，本書介紹了很多簡單高效的引導方法和工具。

　　　敏捷團隊請參考：Scrum 與敏捷開發書單和學習資源。

8. 《鯨游藍海：鈦坦科技的敏捷之路》

　　　經由分享新加坡商鈦坦科技的敏捷導入經驗，希望能拋磚引玉，激發出更多的交流與分享，帶給世界更多的幸運，我猜這也是鈦坦科技總經理 Tomas 出版這本書的初衷吧。

經濟學

　　　經濟學談的是市場力量，而市場能形成，靠的就是買賣雙方的誘因。理解經濟學，才能讓政策和規定達到目的，而不會造成反效果。

1. 《蘋果橘子經濟學》

　　　用很有趣的案例，說明錯誤的誘因會導到完全相反的結果。如果老鼠為患，鼓勵大家抓老鼠換錢，老鼠會變多還變少呢？

2. 《史丹佛給你讀得懂的經濟學：給零基礎的你，36 個經濟法則關鍵詞》

　　　這一本書可以帶您看完經濟學的所有理論。

心理學

　　　心理學談的是人的心智模型，利用心智模型，可以幫助相互之間的溝通，加強溝通的品質。

1. 《快思慢想》

　　　用故事說明人的思維模式跟常見的思考謬誤，是本很好讀的書。

2. 《讓你荷包失血的思考謬誤》

　　在上文「進階心理學選讀區」已有提過。跟《快思慢想》一樣，用故事説明思考誤區的書。

3. 《30 分鐘破解性格密碼》

　　MBTI 是企業界最常用來做性向測驗的方法。用來快速分類性格，找出適合的溝通模式，非常實用。

4. 《跟薩提爾學溝通》

　　利用薩提爾模型，可以幫助自己或對方找出盲點或誤區，達成共識。

5. 《正念領導力：以你為起點，打造高效、向心的卓越團隊》

　　如何結合正念與領導，在本書中有清楚的説明。

社會學

　　社會學研究人和人的關係與互相的影響，了解社會學，可以知道如何影響或避免團隊動力 (Team Dynamic) 的發生。

1. 《隱藏的邏輯：掌握群眾行為的不敗公式》

　　書中論及為什麼人會做出不符合心裡所想的行為。

2. 《為什麼我們這樣生活，那樣工作？》

　　要讓事情持續發生，只有養成習慣。本書説明如何養成自己、其他人或團隊的習慣。

3. 《打造敏捷企業：在多變的時代，徹底提升組織和個人效能的敏捷管理法》

　　如果只能選一本推薦給高階領導者與管理者的敏捷書籍，那就是這一本。

7-13　復盤回顧：展現自己的組合技

　　NLP 中說到，我們每個人腦中都有一張「地圖」，而且每個人的都不一樣，地圖包含了我們的假設、知識和感受。

　　依照地圖，我們會產生想要和慾望，也就是「意圖」。意圖讓我們選擇了想做的「行為」，在這同時我們也持續和其他人「溝通與交流」。

　　行為與交流造成了不同「事物」的發生，事物包含了流程、工具、文化、組織、產品等等，這些事物也造成了某些「結果」，不管是人或團隊的改變，或是產品大賺錢，或是組織文化的轉換。

　　經由「觀察」結果，然後改寫腦海中的地圖，周而復始，就是一個「學習與改變」的過程。

　　在過去的學習歷程中，2011 年我是先從「管理」開始，管理著重的是行為與事物的關係，如何設計架構、如何安排工作，這都是讓企業組織有效運作的重要元素。而在實踐管理的過程中，我發現對於知識工作者來說，因為工作大部分是在腦海中形成，要靠「領導」來校準整個組織的意圖和行為，而領導，靠的是願景、溝通和同理心。總結來說，就是「管理事、領導人」。

　　在 2014 年開始接觸「敏捷式管理」後，體悟團隊要能有效協作，需要擴大彼此的溝通頻寬。經由「引導」，就能讓每個人的想法互相交流，摩擦出火花，並收斂形成共同的目標，眾志成城。

　　今年接觸了「NLP」、「正念」和「教練」，又讓自己對觀察力的提升更進一步。NLP 提供了加強感官學習，還有改寫腦海中地圖的方法。正念幫助我更專注，更能察覺心的漣漪。而教練，探索的是如何善用腦中的地圖和資源，幫助釐清需求和渴望，讓意圖更清晰，知道自己

的方向是想要往哪邊走。

　　不論是管理、領導、引導、教練、正念或 NLP，都是非常實務與務實，因為都很關注於最終的結果是什麼。就是經由觀察結果，我們才能持續改善，找出更有效的方法。而結果，也是由以上種種技能和心法，彼此調合、共振和激盪所產生的。

　　當我回顧這段旅程，心中充滿了感激。感謝一路上遇到的老師和學習夥伴，是他們讓我有機會接觸這麼多引人入勝的事物和令人驚奇的經歷。每一步都充滿了發現和成長，這一切都離不開他們的指導和陪伴。

　　我也向各位讀者致以最誠摯的祝福。願您發揮自己獨特的組合技能，在職場上展現敏捷高效，在生活中享受輕鬆自在，在成長的道路上互相扶持，共同成就。

我的熱情好像一把火～你呢？
NLP 大解密（上）

國家圖書館出版品預行編目(CIP)資料

超圖解敏捷管理 / 林裕丞著. －－初版.
－－臺北市：五南圖書出版股份有限公司,
2024.05
　面；　公分
ISBN 978-626-393-088-9 (平裝)
1.CST: 企業管理 2.CST: 專案管理
494　　　　　　　　　　113002013

1FWB

超圖解敏捷管理

作　　　者	林裕丞
責 任 編 輯	唐　筠
文 字 校 對	許馨尹　葉　晨
內 文 排 版	張淑貞
封 面 設 計	封怡彤
發 行 人	楊榮川
總 經 理	楊士清
總 編 輯	楊秀麗
副 總 編 輯	張毓芬
出 版 者	五南圖書出版股份有限公司
地　　　址	106臺北市大安區和平東路二段339號4樓
電　　　話	(02)2705-5066　　傳　真：(02)2706-6100
網　　　址	https://www.wunan.com.tw
電 子 郵 件	wunan@wunan.com.tw
劃 撥 帳 號	01068953
戶　　　名	五南圖書出版股份有限公司
法 律 顧 問	林勝安律師
出 版 日 期	2024年5月初版一刷
定　　　價	新臺幣450元

經典永恆・名著常在

五十週年的獻禮 —— 經典名著文庫

五南，五十年了，半個世紀，人生旅程的一大半，走過來了。

思索著，邁向百年的未來歷程，能為知識界、文化學術界作些什麼？

在速食文化的生態下，有什麼值得讓人雋永品味的？

歷代經典・當今名著，經過時間的洗禮，千錘百鍊，流傳至今，光芒耀人；

不僅使我們能領悟前人的智慧，同時也增深加廣我們思考的深度與視野。

我們決心投入巨資，有計畫的系統梳選，成立「經典名著文庫」，

希望收入古今中外思想性的、充滿睿智與獨見的經典、名著。

這是一項理想性的、永續性的巨大出版工程。

不在意讀者的眾寡，只考慮它的學術價值，力求完整展現先哲思想的軌跡；

為知識界開啟一片智慧之窗，營造一座百花綻放的世界文明公園，

任君遨遊、取菁吸蜜、嘉惠學子！